U0033303

經典米麵食

邱献勝、馮寶琴
陳昱蓁、鍾昆富 著

作者序——邱献勝老師

自民國八十五年踏入烘焙界以來，我一直致力於烘焙領域的技術專研。非常感謝優品出版社的支持，使我得以透過書這個媒介，與大家分享烘焙心得，讓讀者能夠深入淺出的瞭解，製作自己喜歡且易上手的糕點。為了更清楚的說明產品，於 Facebook 創立「邱献勝師傅的烘焙天地」社團（目前粉絲十萬多人）直播分享製作教學，讓烘友們更能夠清楚的知道製作產品的訣竅，進而能夠自己在家接單賺錢做生意。

米食是臺灣的特有飲食文化，米穀粉是近代臺灣農特產品。將白米磨碎，添加部分小麥蛋白及適合的水稻粉類調和而成，米本身不具有小麥蛋白（俗稱麵筋），是利用外部添加，來研製出烘焙用的米穀粉，以製作無麩質的烘焙產品，以供大眾選擇。

本書的重點，是要分享如何將「米穀粉」原料，應用在烘焙製作的手法上，做出豐富的米食糕點，其配方的口感變化，可以自行調整應用。本書特別邀請馮寶琴老師，運用在地的客家傳統米麵食，製作出好吃的傳統客家糕點。並邀請陳昱蓁老師，參與本書油皮油酥、糕漿皮的變化運用，納入烘焙伴手禮的元素，讓讀者能製作出好吃的伴手禮產品，跟大家分享。期盼大家都能順利做出美味的產品，分享給更多人，將這份美味與幸運，傳遞出去。

作者序——馮寶琴老師

來自花蓮縣鳳林慢城小鎮的客家傳統米食傳承者——馮寶琴老師

　　從客家庄長大的我，血液裡流淌著客家人的好客，尤其對客家傳統滋味更是無限想念，反覆練習記憶中的味道，推廣與傳承這樣深刻的文化與技術，是這幾年我的努力重心。

　　客家人擅長米食製作，從日常農作點心，到節慶拜拜所需要的米食，如果說「粄」代表客家米食的文化精髓；「米」就是最重要的核心靈魂，「蒸」煮的烹飪技巧，是來自代代相傳的無價寶藏。我由衷地感謝在探訪鄉村鄰居與長輩過程中，他們那無私的的薪傳指導。這樣的基礎下，自己一點一滴製作，從生疏到熟練，從熟練到精進，從精進昇華到創新，才有今天書中各項作品的成果。值得一提的是，在這樣的心路歷程中，來自家人的支持始終是我最大的寶藏，老公忠哥耕耘的菜園是我最好的「生鮮超市」，在田地裡摘種的食材是我運用的最佳材料，不只是感動，也感謝先生、孩子們願意與我一起動起來。一路走來，每一步是都是我與家人的珍貴回憶，是我們全家人的心血成果。

　　「好客」的客家精神是這次書中要傳達的重要核心價值，希望藉由各樣米食來傳達客家文化傳統的內涵，讓更多人愛上客家米食。為了能有效標準且系統化的傳授傳統米食，我在自己的美食空間裡，保有傳統的各式炊具與製作技法，更引入充實標準化的設備，足以將自己多年的製作心血，在書中以簡易清楚的方式，分享給讀者知道，和大家一起學習，也自詡透過飲食來傳承客家文化。

　　新時代來臨，馮寶琴老師與團隊投入參與各項花蓮縣境內市集活動來推廣。尤其每年針對各種節慶推出的各項米食商品與課程，研發例如多色繽紛粄圓、薑黃粄皮、客家月子餐等，讓客家文化展現新風貌。臺灣人的飲食文化來自不同族群的融合交錯。在恬靜的鄉村環境裡，始終對美食保持無比的熱情，從中領悟屬於自己的料理製作節奏與特色。希望透過在地食材的運用，製作出代表自己，與客家文化，同時又溫暖而安全健康的食物，誠摯的期盼大家會喜歡，若製作上有各式疑問，也請不吝與我交流分享，謝謝大家。

作者序——陳昱蓁老師

寫序的瞬間，腦中忽然飄過一個片段，突然想起二十一年前同事阿姨手做的烘焙糕點，當下驚覺好吃的點心，不一定要去店家買，自己動手做也可以獲得同等美味，從此便開啟了自己的烘焙之路。

有空就在自家廚房製作各種點心，翻書自學再陸續到外上課，不停地吸收新知，不停地修正不足之處，慢慢的我做出的點心不只讓自己滿意，家人朋友也是讚不絕口，在這樣充實而有成就感的生活中，就這樣對烘焙著了迷。

平日帶著自己做的麵包、餅乾去公司當早餐與下午茶，分享給隔壁桌的同事一起品嚐，大家都十分喜歡，便請我多做一些，漸漸的越來越多親朋好友開始向我下訂單，開心之餘，也因幾乎將所有下班後的時間都投入製作產品了，雖然內心感到真誠的開心，但身體漸漸無法支撐這樣長的工作時數，沒想到的是，親愛的妹妹察覺了我的辛勞，便送了我人生中第一台專業攪拌機。工欲善其事，必先利其器，這也使我更確定的踏上了烘焙這條路。

烘焙之所以讓人著迷，是因為除了可以看到自己辛苦的成果，還能看見人們享用的喜悅。每次客人或學生踏進工作教室，滿心歡喜的帶走糕點或親手做的烘焙作品，笑臉幸福的對我說：「謝謝妳！下次見！」，不管聽了多少次，每到此刻都會使我感覺一切辛苦都值得了，也讓我更有動力持續精進烘焙之路。

緣分讓我有幸與邱老師、馮老師、鍾老師，透過本書一起發表一些烘焙心得，也希望能讓讀者們一起感受，烘焙世界的樂趣，體驗它的美妙。

作者序——鍾昆富老師

筆者於護理工作服務至今二十餘年，公餘之外的學習，主要是讓自己紓壓放鬆、轉換心情，閒暇之餘喜愛走訪各區農會，在田野間踏訪這片土地上的優質小農所用心栽種生產的產品，在尋寶中找靈感，將季節中不同風味的食材做結合運用，此次，嘗試將茶品融入米麵食製作，藉由茶香清新風味，帶來解膩、降低甜味、融入產品並帶來不同層次的口感，做食材巧思的結合，同時運用區域性不同族群食材屬性，讓食的營養更多元、豐富，透過加工，延長在地食材保存選擇性，讓食客挑嘴的味蕾有更多元的選擇。

近年來國內食安議題不斷，筆者期望透過這本著作，除了讓讀者能熟悉了解食物建構的原理，操作生產的過程和掌控食材特性，並能讓讀者於閱讀中輕鬆上手，簡化操作步驟，伴隨親子間互動學習，大手拉小手一起動動手嘗試，感受手中麵糰的揉合過程與變化溫度，在操作中體會熟悉內容的詮釋，融合食物的過程，培養出親子間共同的興趣及話題，用溫度做出獨特的風味。本書從認識食材中開始，提倡低碳低糖的飲食選擇，讓願意購買實體書籍的讀者，能買到一本實惠工具，讓烘焙能輕鬆上手，不用花錢買昂貴的設備，只要活用家庭中的原有器具，掌控熟悉設備的特性，家家戶戶都能有味蕾建築師，輕鬆無負擔，就能做出屬於每個家庭中獨一無二飄香難忘的好味道。

第二本書的內容，內容精益求精、淺顯易懂，不藏步、不藏私，融合新科技產品的運用，讓產品作出更多元附加價值，附帶有寓教於樂的意義，進而開發更多烘焙的同好，激發出更多的巧思，投身在玩粉的世界中，在過程中除了能夠紓解身心外，做出讓你我都放心的產品，進而吃得更安心。

感謝富里農會張總幹事素華姐姐、瑞穗好茶園園主劉福春叔叔，提供各項優質農產品素材及年度冠軍蜜香茶品，豐富多元了作品內容，也謝謝校園士欽主任及團隊老師，注入不同新點子及激發創作靈感，感恩幕後支持協助搭檔夥伴群和上優製作團隊群，因為有您，才讓此次寫作、拍攝過程順遂圓滿。

透過本次分享過程操作手法，願每位讀者都能駕輕就熟，做出屬於各年齡層合適安心的味道，是筆者樂見的，開心玩粉、輕鬆愉快感受生活。

Contents

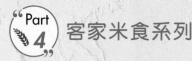

Part 4 客家米食系列

Part 5 健康米香系列

Part

1

伴手禮
酥油皮系列

❝ 酥油皮製作 ❞

材料

油皮（分割 16g）	g
中筋麵粉	125
可可粉	8
糖粉	18
水	65
無水奶油 / 豬油	50

油酥（分割 10g）	g
低筋麵粉（過篩）	83
可可粉（過篩）	5
無水奶油 / 豬油	42

★ 使用「核桃菓子」進行示範。攪拌到擀捲二次之操作方式是一致的，僅配方有些許不同。

★ 油酥的粉類材料都建議預先過篩，如此成品較為細緻。

★ 配方內的無水奶油可自由替換成豬油。

1 油皮：所有材料倒入攪拌缸，慢速打至材料大致混勻，轉中速打至成團。

2 表面用容器倒蓋，靜置鬆弛 20 分鐘。參考內文分割油皮，滾圓。

3 油酥：桌面放上所有材料，粉類需預先過篩。

4 以壓拌手法拌勻。一手拿刮板將材料鏟至中心，另一手輕壓材料。

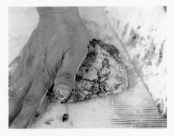

5 反覆此動作將材料拌勻，此手法名為「壓拌法」。

6 拌勻後直接分割，參考內文分割油酥，滾圓。

⭐ 油皮要靜置，油酥不用，一般操作時會先做油皮，等鬆弛的時間就可以來做油酥。

「油皮包油酥」與「擀捲二次」作法

7 油皮包油酥：油皮擀開，中心放入油酥，收口包起。

8 做擀捲二次：以擀麵棍擀成長片。

9 虎口由前往後輕推捲起。

10 如圖，此為擀捲一次。

11 收口處朝上擺正，輕輕拍開。

12 以擀麵棍擀成長片。

13 虎口由前往後輕推捲起。

14 收口處朝上擺正，中心輕壓。

15 兩指前後捏合。

★ 作法 15 即完成酥油皮的製作與準備，接著參考右圖 A ~ B 使用。

★ 包錯面成品外觀不佳，但味道依舊美味。

使用時此面朝上

圖 A

輕拍，擀開於此面包餡

圖 B

No.1

小玉西瓜酥

14

材料

油皮（分割 16g）	g
中筋麵粉	170
糖粉	25
水	82
無水奶油 / 豬油	68

西瓜皮（分割 11g）	g
★ 油皮麵團	130
抹茶粉	5
水	3

油酥（分割 10g）	g
低筋麵粉（過篩）	88
無水奶油 / 豬油	40

餡料（分割 35 g）	g
市售白豆沙	400
熟黑芝麻	20

裝飾	g
竹炭粉	適量
水	適量

作法

1　預爐：設定上火 170°C / 下火 160°C。

2　油皮：中筋麵粉、糖粉、水、無水奶油放入攪拌缸，打至光滑成團。

3　表面用容器倒蓋，靜置鬆弛 20 分鐘。

4　分割兩份，一份西瓜皮 130g 與抹茶粉、水搓揉光滑，分割每個 11g；剩餘為油皮，分割每個 16g 備用。

5　油酥：低筋麵粉、無水奶油壓拌均勻，分割每個 10g。

6　餡料：市售白豆沙、熟黑芝麻一同拌勻，分割每個 35g。（圖 1）

7　整形：油皮包油酥，擀捲二次，鬆弛 20 分鐘。

8　包餡料，先將作法 7 酥油皮擀開，中心放入餡料，妥善收口，收口部分要確實包緊實，不可露出餡料。

9　西瓜皮擀開，完全包覆作法 8 材料，整形成西瓜形狀，再用細毛筆沾拌勻的竹炭水（裝飾），畫上西瓜線條。（圖 2~6）

10　烘烤：間距相等放上烤盤，入爐，以上火 170°C / 下火 160°C，烤 30 分鐘。調爐，繼續烤 10~15 分鐘。

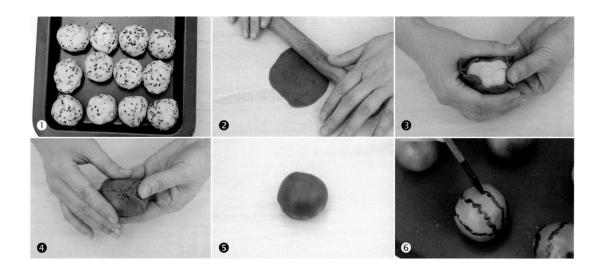

No.2

核桃菓子

▶ 示範影片

材料

油皮（分割 16g） g

材料	g
中筋麵粉	125
可可粉	8
糖粉	18
水	65
無水奶油／豬油	50

造型油皮（分割 5g） g

材料	g
油皮麵團	60

油酥（分割 10g） g

材料	g
低筋麵粉（過篩）	83
可可粉（過篩）	5
無水奶油／豬油	42

餡料（分割 35g） g

材料	g
含油烏豆沙	280
碎核桃	140

作法

1 預爐：設定上火 170℃、下火 160℃。

2 油皮：所有材料一同放入攪拌缸，打至光滑成團。

3 表面用容器倒蓋，靜置鬆弛 20 分鐘。

4 分割兩份，一份為造型油皮 60g，分割每個 5g；剩餘為油皮，分割每個 16g。

5 油酥：所有材料放上桌面，以壓拌手法拌勻，分割 10g，滾圓。

6 餡料：含油烏豆沙、碎核桃拌勻，分割每個 35g、滾圓。

7 整形：油皮包油酥，擀捲二次，鬆弛 20 分鐘。

8 包餡料，先將作法 7 酥油皮擀開，中心放入餡料，妥善收口，收口部分要確實包緊實，不可露出餡料。（圖 1~2）

9 造型油皮搓長約 8 公分，黏貼在麵皮上，用刮板壓出一條分界線，再用小夾子捏塑紋路。（圖 3~6）

10 烘烤：間距相等放上烤盤，入爐，以上火 170℃／下火 160℃，烤 30 分鐘。調爐，續烤 10~15 分鐘。

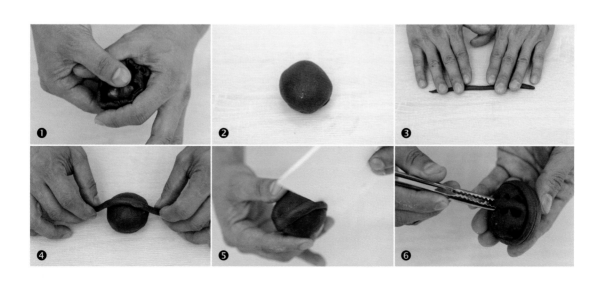

No.3

造型小芋仔

材料

製作數量：12 個

油皮（分割 35g） ⓖ

	g
中筋麵粉	105
可可粉	3
糖粉	15
無水奶油／豬油	37
水	55

油酥（分割 20g） ⓖ

	g
低筋麵粉（過篩）	82
紫薯粉（過篩）	4
無水奶油／豬油	39

餡料（分割 35g） ⓖ

	g
市售芋頭餡	420
鹹蛋黃	6 顆

裝飾（約用 3g） ⓖ

	g
可可粉	8
熱水	30

作法

1　預爐：設定上火 150℃／下火 150℃。

2　烤盤間距相等放上鹹蛋黃，噴米酒（配方外），入爐烤 10~15 分鐘，烤至表面有油花。出爐，放涼，從中對半切開。烤箱設定上火 170℃／下火 160℃ 預熱。

3　餡料：市售芋頭餡每個分割 35g，包入半顆烤過鹹蛋黃，滾圓。
　★ 市售芋頭餡必須調整軟硬度，若太濕，則加入適量的熟太白粉拌勻，若太乾，則加入軟化奶油。

4　油皮：所有材料一同放入攪拌缸，打至光滑成團。

5　表面用容器倒蓋，靜置鬆弛 20 分鐘，分割 35g，滾圓。

6　油酥：所有材料放上桌面，以壓拌手法拌勻，分割 20g，滾圓。

7　整形：油皮包油酥，擀捲二次，鬆弛 20 分鐘。將酥油皮麵團橫鋸切一刀，分成二等份。

8　沾手粉（適量高筋麵粉），剖面朝下，壓平擀開，擀約掌心大小。（圖 1~2）

9　包入芋頭餡，收口確實包緊實，不可漏餡。（圖 3~5）

10　整成芋頭形狀，間距相等放上烤盤，鬆弛 15 分鐘。

11　烘烤：刷上拌勻的裝飾材料，入爐，以上火 170℃／下火 160℃，烤 20 分鐘。調爐，續烤 10~15 分鐘。（圖 6）

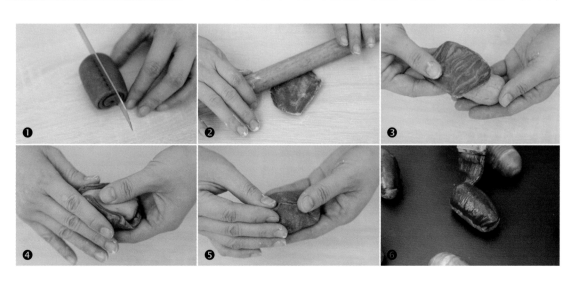

① ② ③ ④ ⑤ ⑥

No.4

芋頭酥

材料

油皮（分割 30g）　g

中筋麵粉	100
糖粉	15
無水奶油 / 豬油	40
水	48

油酥（分割 20g）　g

低筋麵粉（過篩）	85
紫薯粉（過篩）	5
無水奶油 / 豬油	40

餡料（分割 40g）　g

市售糕點芋頭餡	480

 製作數量：12 個

作法

1　預爐：設定上火 170°C / 下火 160°C。

2　餡料：市售糕點芋頭餡分割 40g，搓圓。

3　油皮：所有材料一同放入攪拌缸，打至光滑成團。

4　表面用容器倒蓋，靜置鬆弛 20 分鐘，分割 30g，滾圓。

5　油酥：所有材料放上桌面，以壓拌手法拌勻，分割 20g，滾圓。

6　整形：油皮包油酥，擀捲二次，鬆弛 10 分鐘。

7　從中間對切一分為二，餅體沾手粉，剖面朝下，壓平擀開，擀約 8 公分圓片。（圖 1~5）

8　以刮刀輔助鏟起酥油皮圓片，剖面朝下，另一面包入市售糕點芋頭餡，妥善收口，底部要確實包緊，不可漏餡，間距相等排入烤盤。（圖 6）

9　烘烤：入爐，以上火 170°C / 下火 160°C，烤 25 分鐘。調爐，續烤 10~15 分鐘。

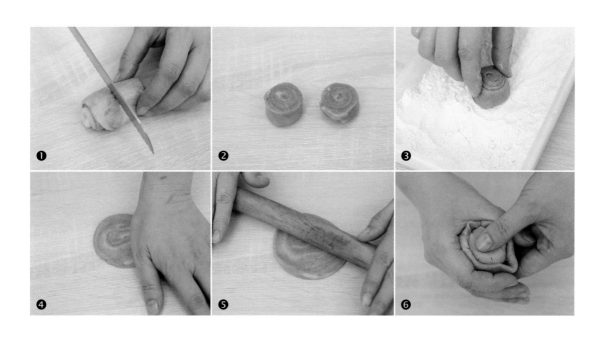

❶　❷　❸　❹　❺　❻

No.5

美美的
蛋黃酥

材料

油皮（分割 15g）	g
中筋麵粉	89
糖粉	13
水	48
無水奶油 / 豬油	36

油酥（分割 10g）	g
低筋麵粉（過篩）	82
無水奶油 / 豬油	38

餡料（分割 30g）	g
含油烏豆沙餡	360
鹹蛋黃	6 顆

裝飾	g
黑芝麻	適量
蛋黃水	適量

製作數量：12 個

作法

1　預爐：設定上火 150℃ / 下火 150℃。

2　烤盤間距相等放上鹹蛋黃，噴米酒（配方外），入爐烤 10~15 分鐘，烤至表面有油花。出爐，放涼，從中對半切開。烤箱設定上火 200℃ / 下火 180℃ 預熱。

3　餡料：含油烏豆沙餡每個分割 30g，由中間壓開，包入半顆烤過鹹蛋黃，切面朝上，餡料略高於鹹蛋黃，收口備用。（圖 1）

4　油皮：所有材料一同放入攪拌缸，打至光滑成團。

5　表面用容器倒蓋，靜置鬆弛 20 分鐘，分割 15g，滾圓。

6　油酥：所有材料放上桌面，以壓拌手法拌勻，分割 10g，滾圓。

7　整形：油皮包油酥，擀捲二次，鬆弛 20 分鐘。

8　擀開酥油皮，包入餡料收口，收口要確實包緊不能漏餡，整形成天燈狀，間距相等排入烤盤，鬆弛 20 分鐘。（圖 2~4）

9　烘烤：入爐，以上火 200℃ / 下火 180℃，烤 20 分鐘。

10　出爐，刷兩次蛋黃水，撒適量黑芝麻。（圖 5~6）

11　調整上火 180℃ / 下火 160℃，再次入爐續烤 10 ～ 15 分鐘。出爐前輕壓周邊，有酥鬆感即烤熟。

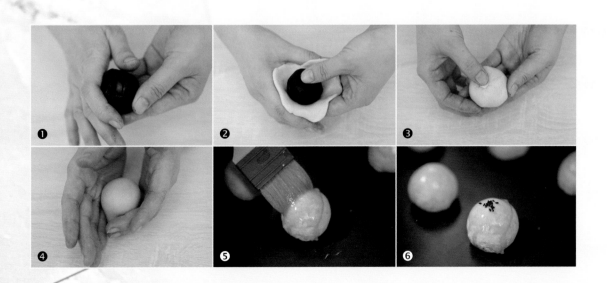

❶　❷　❸　❹　❺　❻

No.6
巧心酥

材料

油皮（分割 17g）

	g
中筋麵粉	100
可可粉	6
糖粉	18
無水奶油 / 豬油	32
水	52

油酥（分割 12g）

	g
低筋麵粉（過篩）	100
無水奶油 / 豬油	45

餡料（分割 36g）

	g
市售綠豆沙餡	160
市售白豆沙餡	200
水滴巧克力豆	72

作法

1　預爐：設定上火 170°C / 下火 160°C。

2　餡料：市售綠豆沙餡、市售白豆沙餡拌勻，每個分割 30g，搓圓壓開，包入 6g 水滴巧克力豆，再次搓圓。（圖 1）

3　油皮：所有材料一同放入攪拌缸，打至光滑成團。

4　表面用容器倒蓋，靜置鬆弛 20 分鐘，分割 17g，滾圓。

5　油酥：所有材料放上桌面，以壓拌手法拌勻，分割 12g，滾圓。

6　整形：油皮包油酥，擀捲二次，鬆弛 20 分鐘。

7　酥油皮擀開約 8 公分，包入餡料，收口確實包緊實，不能漏餡。整形成天燈狀，間距相等排入烤盤，鬆弛 20 分鐘。（圖 2~6）

8　烘烤：入爐，以上火 170°C / 下火 160°C，烤 30 ～ 35 分鐘。

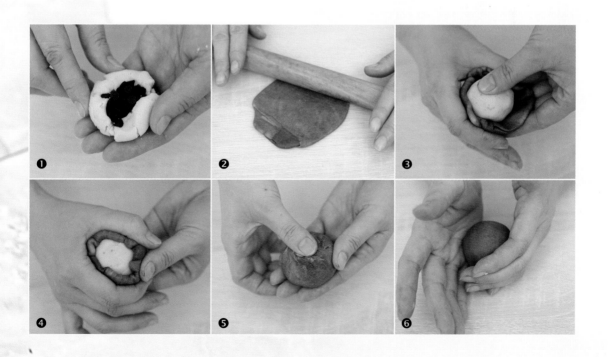

❶　❷　❸　❹　❺　❻

油皮（分割 16g）

材料	g
中筋麵粉	130
咖哩粉	5
糖粉	20
水	65
無水奶油 / 豬油	40

油酥（分割 10g）

材料	g
低筋麵粉（過篩）	110
無水奶油 / 豬油	50

餡料（分割 30g）

材料	g
市售白豆沙餡	420
咖哩粉（過篩）	15
白胡椒粉	5
鹽	3
肉鬆	30
無鹽奶油	15

作法

1 預爐：設定上火 170℃ / 下火 160℃。

2 餡料：所有材料一同拌勻，每個分割 30g，搓圓。

3 油皮：所有材料一同放入攪拌缸，打至光滑成團。

4 表面用容器倒蓋，靜置鬆弛 20 分鐘，分割 16g，滾圓。

5 油酥：所有材料放上桌面，以壓拌手法拌勻，分割 10g，滾圓。

6 整形：油皮包油酥，擀捲二次，鬆弛 20 分鐘。

7 酥油皮擀開約 8 公分，包入餡料，收口確實包緊實，不能漏餡。（圖 1~5）

8 稍微用手掌輕壓，壓成扁圓形，直徑約 5.5 公分，蓋上專用印章，間距相等排入烤盤，鬆弛 15 分鐘。（圖 6）

9 烘烤：入爐，以上火 170℃ / 下火 160℃，烤 30 ～ 35 分鐘

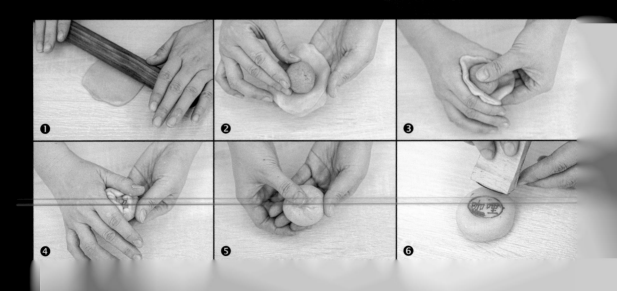

❶ ❷ ❸ ❹ ❺ ❻

" "
No.7
咖哩餅
" "

咖哩

咖哩

No.8
抹茶綠豆餅

材料

製作數量：16 個

油皮（分割 16g）

	g
中筋麵粉	135
糖粉	22
水	68
無水奶油 / 豬油	38

油酥（分割 10g）

	g
低筋麵粉（過篩）	110
無水奶油 / 豬油	50

餡料（分割 30g）

	g
市售綠豆沙餡	231
市售白豆沙餡	210
抹茶粉	11
熟白芝麻	21
無鹽奶油	11

作法

1　預爐：設定上火 170°C / 下火 160°C。

2　餡料：所有材料一同拌勻，每個分割 30g，搓圓。

3　油皮：所有材料一同放入攪拌缸，打至光滑成團。

4　表面用容器倒蓋，靜置鬆弛 20 分鐘，分割 16g，滾圓。

5　油酥：所有材料放上桌面，以壓拌手法拌勻，分割 10g，滾圓。

6　整形：油皮包油酥，擀捲二次，鬆弛 20 分鐘。

7　酥油皮擀開約 8 公分，包入餡料，收口確實包緊實，不能漏餡。（圖 1~4）

8　稍微用手掌輕壓，壓成直徑約 5.5 公分扁圓形，蓋上專用印章，間距相等排入烤盤。（圖 5~6）

9　烘烤：入爐，以上火 170°C / 下火 160°C，烤 30~35 分鐘。

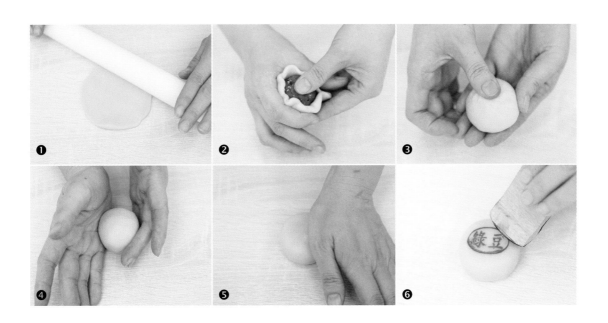

❶　❷　❸　❹　❺　❻

No.9

薑黃餅

材料

 製作數量：16 個

油皮（分割 16g）

	g
中筋麵粉	129
薑黃粉	5
糖粉	21
水	68
無水奶油 / 豬油	42

油酥（分割 10g）

	g
低筋麵粉（過篩）	110
無水奶油 / 豬油	50

餡料（分割 30g）

	g
市售白豆沙餡	410
薑黃粉	15
胡椒粉	5
鹽	3
碎桂圓肉	60
熟白芝麻	10

作法

1 預爐：設定上火 170°C / 下火 160°C。

2 餡料：所有材料一同拌勻，每個分割 30g，搓圓。

3 油皮：所有材料一同放入攪拌缸，打至光滑成團。

4 表面用容器倒蓋，靜置鬆弛 20 分鐘，分割 16g，滾圓。

5 油酥：所有材料放上桌面，以壓拌手法拌勻，分割 10g，滾圓。

6 整形：油皮包油酥，擀捲二次，鬆弛 20 分鐘。

7 酥油皮擀開約 8 公分，包入餡料，收口確實包緊實，不能漏餡。（圖 1~4）

8 稍微用手掌輕壓，壓成直徑約 5.5 公分扁圓形，蓋上專用印章，間距相等排入烤盤。（圖 5~6）

9 烘烤：入爐，以上火 170°C / 下火 160°C，烤 30~35 分鐘。

❶ ❷ ❸ ❹ ❺ ❻

No.10

紅麴餅

材料

油皮（分割 16g）　　g

中筋麵粉	128
紅麴粉	5
糖粉	23
水	68
無水奶油 / 豬油	39

油酥（分割 10g）　　g

低筋麵粉（過篩）	110
無水奶油 / 豬油	50

餡料（分割 30g）　　g

白豆沙餡	440
紅麴粉	6
肉鬆	42

作法

1　預爐：設定上火 170°C / 下火 160°C。

2　餡料：所有材料一同拌勻，每個分割 30g，搓圓。

3　油皮：所有材料一同放入攪拌缸，打至光滑成團。

4　表面用容器倒蓋，靜置鬆弛 20 分鐘，分割 16g，滾圓。

5　油酥：所有材料放上桌面，以壓拌手法拌勻，分割 10g，滾圓。

6　整形：油皮包油酥，擀捲二次，鬆弛 20 分鐘。

7　酥油皮擀開約 8 公分，包入餡料，收口確實包緊實，不能漏餡。（圖 1~5）

8　稍微用手掌輕壓，壓成約直徑 5.5 公分扁圓形，間距相等排入烤盤。（圖 6）

9　烘烤：入爐，以上火 170°C、下火 160°C、烤 30~35 分鐘。

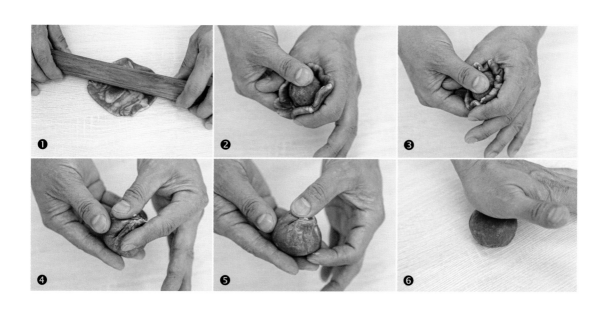

❶　❷　❸　❹　❺　❻

材料

油皮（分割 18g）	g
中筋麵粉	150
糖粉	20
水	75
無水奶油／豬油	38

餡料（分割 50g）	g
市售綠豆沙餡	240
市售白豆沙餡	360
麻糬	150

 製作數量：15 個

作法

1　預爐：設定上火 200℃／下火 160℃。

2　餡料：市售綠豆沙餡、市售白豆沙餡拌勻，每個分割 40g，各包入 10g 麻糬，滾圓。

3　油皮：所有材料一同放入攪拌缸，打至光滑成團。

4　表面用容器倒蓋，靜置鬆弛 20 分鐘，分割 18g，滾圓。

5　整形：油皮擀開成直徑 9 公分圓片，包入餡料，收口露出餡料約 0.5 公分，麵團底部直徑 5 公分，間距相等排入烤盤，鬆弛 20 分鐘。（圖 1~6）

6　烘烤：入爐，以上火 200℃／下火 160℃，烤 10 分鐘，調爐，繼續烤 10~15 分鐘。

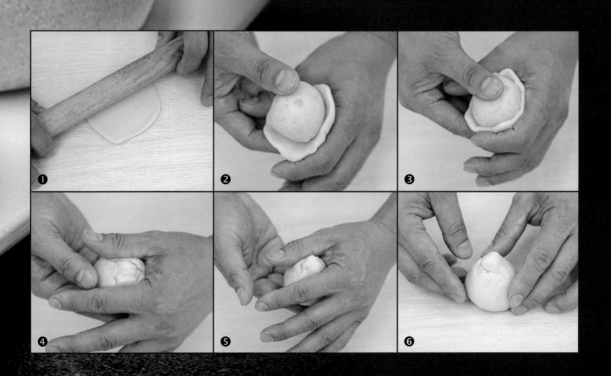

❶ ❷ ❸ ❹ ❺ ❻

No.12
白豆沙月餅

材料

油皮（分割 11g）

	g
中筋麵粉	130
糖粉	26
水	64
無水奶油 / 豬油	50

油酥（分割 6g）

	g
低筋麵粉（過篩）	108
無水奶油 / 豬油	52

餡料（分割 50g）

	g
市售綠豆沙餡	180
市售白豆沙餡	1120

作法

1 預爐：設定上火 160℃ / 下火 220℃。

2 餡料：所有材料一同拌勻，每個分割 50g，搓圓。

3 油皮：所有材料一同放入攪拌缸，打至光滑成團。

4 表面用容器倒蓋，靜置鬆弛 20 分鐘，分割 11g，滾圓。

5 油酥：所有材料放上桌面，以壓拌手法拌勻，分割 6g，滾圓。

6 整形：油皮包油酥，擀捲二次，鬆弛 20 分鐘。

7 擀開酥油皮，包入餡料，收口確實包緊實，不能漏餡。

8 可以用直徑 6 公分塔圈輔助塑型，收整成圓餅狀，收口朝下，正面用生雞蛋尖端，壓約餅體 1/3 深凹槽。（圖 1~2）

9 烘烤：正面朝下，間距相等排入烤盤，入爐，以上火 160℃ / 下火 220℃，烤 10 分鐘。（圖 3~4）

10 上色後，翻面繼續烤 8 ～ 10 分鐘，烤至底部上色、表面膨脹、周邊有酥脆感即可。（圖 5~6）

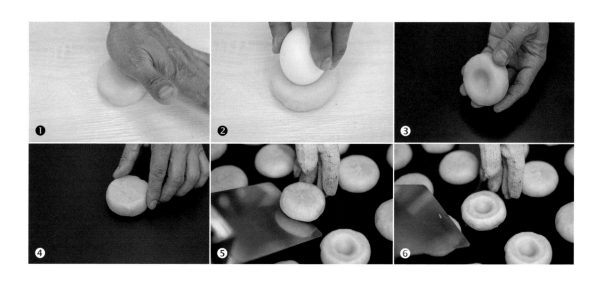

No.13
奶油酥餅

材料

油皮（分割 33g）	g
中筋麵粉	170
糖粉	30
水	82
無水奶油 / 豬油	70

油酥（分割 16g）	g
低筋麵粉（過篩）	115
無水奶油 / 豬油	53

餡料（分割 16g）	g
糖粉（過篩）	80
麥芽糖	20
無鹽奶油	28
熟低筋麵粉	40
水	6

製作數量：10 個

作法

1　預爐：設定上火 160°C / 下火 220°C。

2　將餡料材料之低筋麵粉，以上下火 150°C 烤 15 分鐘，放涼，即為熟低筋麵粉。

3　餡料：無鹽奶油、麥芽糖用手混合均勻，加入糖粉拌勻，加入烤熟低筋麵粉、水拌勻成團，分割 16g，搓圓。

4　油皮：所有材料一同放入攪拌缸，打至光滑成團。

5　表面用容器倒蓋，靜置鬆弛 20 分鐘，分割 33g，滾圓。

6　油酥：所有材料放上桌面，以壓拌手法拌勻，分割 16g，滾圓。

7　整形：油皮包油酥，擀捲二次，鬆弛 20 分鐘。

8　擀開酥油皮，包入餡料，收口要確實包緊實，不能漏餡，包好後擀開約直徑 11 公分，間距相等排入烤盤，鬆弛 30 分鐘。（圖 1~6）

9　烘烤：入爐，以上火 160°C / 下火 180°C，烤 10 分鐘。調爐，繼續烤 10~15 分鐘。

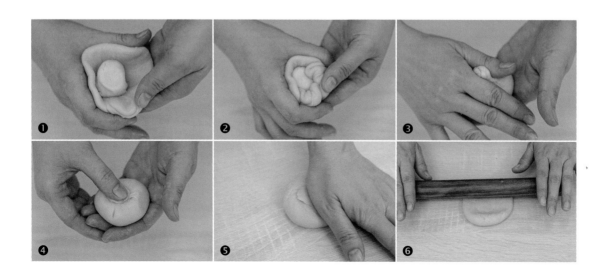

❶　❷　❸　❹　❺　❻

No.14

牛舌餅

材料

油皮（分割 36g） (g)

中筋麵粉	180
糖粉	20
水	92
無水奶油 / 豬油	54

油酥（分割 19g） (g)

低筋麵粉（過篩）	120
無水奶油 / 豬油	56

餡料（分割 36g） (g)

糖粉（過篩）	140
熟低筋麵粉	75
糕仔粉（過篩）	20
奶粉（過篩）	5
麥芽糖	56
水	30
無鹽奶油	20
鹽	1

作法

1　預爐：設定上火 160℃ / 下火 220℃。

2　內餡的低筋麵粉以上下火 150℃ 烤 15 分鐘，放涼，即為熟低筋麵粉。

3　餡料：無鹽奶油、麥芽糖用手混合均勻，加入其他材料一同拌勻，分割 36g，搓圓。

4　油皮：所有材料一同放入攪拌缸，打至光滑成團。

5　表面用容器倒蓋，靜置鬆弛 20 分鐘，分割 36g，滾圓。

6　油酥：所有材料放上桌面，以壓拌手法拌勻，分割 19g，滾圓。

7　整形：油皮包油酥，二次擀捲，鬆弛 20 分鐘。

8　擀開成圓片，包入內餡，收口要確實包緊實，不能漏餡，鬆弛 10 分鐘。（圖 1~4）

9　將牛舌餅搓成長條形，再以擀麵棍擀長約 15 公分，間距相等排入烤盤，鬆弛 20 分鐘。（圖 5~6）

10　烘烤：入爐，以上火 180℃ / 下火 210℃，烤 10 分鐘。

11　翻面，轉向烤 10 分鐘，時間到再翻面，轉向烤 5~10 分鐘，烤至兩面呈現金黃色即可。

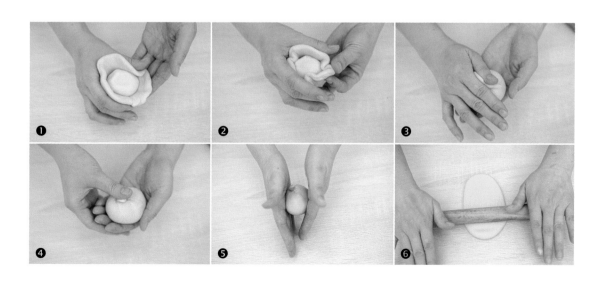

❶ ❷ ❸ ❹ ❺ ❻

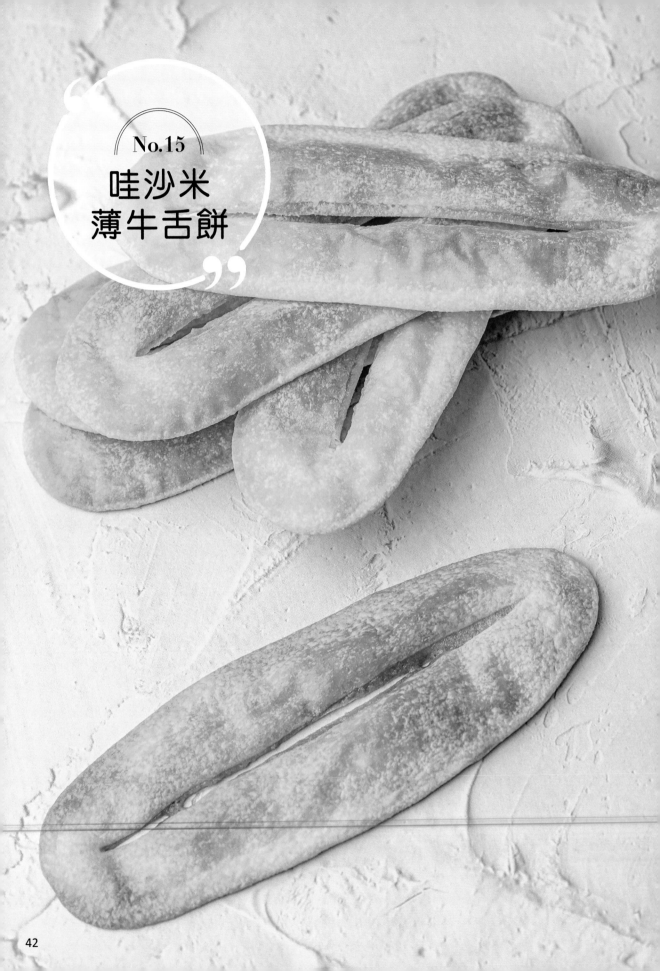

No.15

哇沙米
薄牛舌餅

材料

油皮（分割 12g）

	g
中筋麵粉	104
糖粉	13
水	52
無水奶油 / 豬油	35

餡料（分割 12g）

	g
熟低筋麵粉	52
糕仔粉	13
糖粉	70
麥芽糖	17
哇沙米醬	17
水	17
無鹽奶油	17

製作數量：16 片

作法

1　預爐：設定上火 200°C、下火 180°C。

2　餡料：無鹽奶油、麥芽糖用手混合均勻，加入其他材料一同拌勻，分割 12g，搓圓。

3　油皮：所有材料一同放入攪拌缸，打至光滑成團有筋性。

4　表面用容器倒蓋，靜置鬆弛 30 分鐘，分割 12g，滾圓。

5　整形：油皮擀開成圓片，包入餡料收口。（圖 1~3）

6　輕輕壓開擀成薄片，擀成長約 20 公分的橢圓長片。（圖 4~5）

7　間距相等放入不沾烤盤，中間用塑膠刮板劃一刀，前後預留 1.5 公分不劃斷，鬆弛 10 分鐘。（圖 6）

8　烘烤：入爐，以上火 200°C / 下火 180°C，烤 6 分鐘。調爐，續烤 4~6 分鐘。

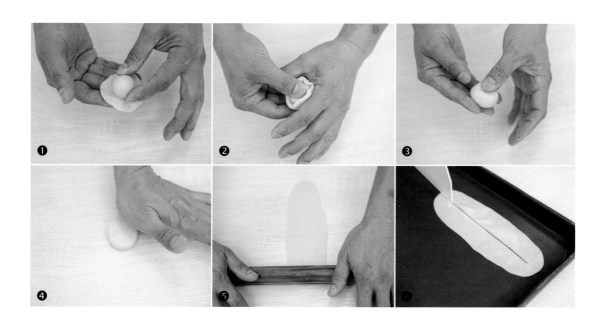

No.16
Q 餅

材料

製作數量：15 個

油皮（分割 18g）

	g
中筋麵粉	140
糖粉	24
水	72
無水奶油／豬油	53

油酥（分割 10g）

	g
低筋麵粉（過篩）	108
無水奶油／豬油	45

餡料（分割 39g）

	g
含油烏豆沙（26g）	390
耐烤麻糬（10g）	150
肉脯（3g）	45

裝飾

	g
生黑芝麻	適量
蛋黃液	適量

作法

1　預爐：設定上火 160°C／下火 210°C。

2　餡料：含油烏豆沙分割 26g，滾圓。

3　手掌壓開含油烏豆沙，包入 3g 肉脯、10g 耐烤麻糬，收口搓圓。

4　油皮：所有材料一同放入攪拌缸，打至光滑成團。

5　表面用容器倒蓋，靜置鬆弛 20 分鐘，分割 18g，滾圓。

6　油酥：所有材料放上桌面，以壓拌手法拌勻，分割 10g，滾圓。

7　整形：油皮包油酥，擀捲二次，鬆弛 20 分鐘。

8　酥油皮擀開，包入餡料，收口確實包緊實，不能漏餡。（圖 1~2）

9　輕輕壓開。一半收口面沾水，沾上生黑芝麻，黑芝麻面朝下擺盤，鬆弛 20 分鐘。（圖 3~5）

10　烘烤：另一半刷蛋黃液，入爐，以上火 160°C／下火 210°C，烤 20 分鐘。（圖 6）

11　調爐，以上火 160°C／下火 200°C，繼續烤 10 分鐘。

❶ ❷ ❸ ❹ ❺ ❻

材料

油皮（分割 23g）

	g
中筋麵粉	120
糖粉	18
水	58
豬油	46

油酥（分割 12g）

	g
低筋麵粉（過篩）	85
豬油	39

餡料（分割 24g）

	g
含油烏豆沙	240

裝飾

	g
蛋黃液	適量
生白芝麻	適量

製作數量：10 個

作法

1　預爐：設定上火 180°C / 下火 160°C。

2　餡料：含油烏豆沙分割 24g，搓圓。

3　油皮：所有材料一同放入攪拌缸，打至光滑成團。

4　表面用容器倒蓋，靜置鬆弛 20 分鐘，分割 23g，滾圓。

5　油酥：所有材料放上桌面，以壓拌手法拌勻，分割 12g，滾圓。

6　整形：油皮包油酥，擀捲二次，鬆弛 10 分鐘。

7　酥油皮擀開，包入餡料，收整成圓形，用手掌輕輕壓扁，成直徑 8 公分圓餅狀。（圖 1~2）

8　餅體正中心用擀麵棍輕壓一下（做記號），直徑約 3 公分。（圖 3）

9　用剪刀剪 8 等份，中心留 3 公分。（圖 4~5）

10　兩兩相對翻正，間距相等排入烤盤，鬆弛 20 分鐘。（圖 6）

11　烘烤：中心沾上蛋黃液，撒生白芝麻，入爐，以上火 180°C / 下火 160°C，烤 25~30 分鐘。

12　出爐、冷卻後立即包裝。

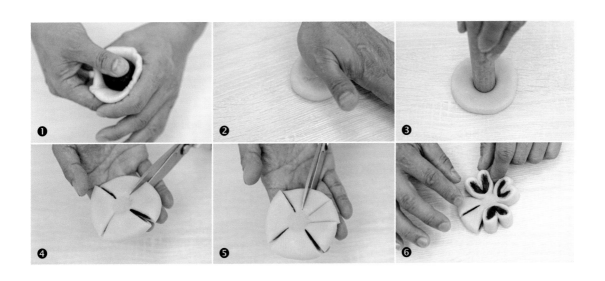

No.18

椰蓉酥

材料

油皮（分割 22g） g

中筋麵粉	115
糖粉	12
水	56
豬油	48

油酥（分割 11g） g

低筋麵粉（過篩）	80
豬油	37

餡料（分割 21g） g

糖粉（過篩）	55
無鹽奶油	38
全蛋	28
低筋麵粉（過篩）	70
椰子粉	35

裝飾 g

椰子粉	適量

作法

1 預爐：設定上火 160°C / 下火 180°C。

2 餡料：軟化無鹽奶油、糖粉拌勻，分次加入全蛋拌勻，加入剩餘材料拌勻，每個分割 21g，搓圓。

3 油皮：所有材料一同放入攪拌缸，打至光滑成團。

4 表面用容器倒蓋，靜置鬆弛 20 分鐘，分割 22g，滾圓。

5 油酥：所有材料放上桌面，以壓拌手法拌勻，分割 11g，滾圓。

6 整形：油皮包油酥，二次擀捲，鬆弛 20 分鐘。

7 酥油皮擀開，包入內餡，收口要確實包緊實，不能漏餡，鬆弛 10 分鐘。（圖 1）

8 將椰蓉酥搓成長條形，擀開約 15 公分長。（圖 2）

9 麵皮摺三摺，轉向，輕輕拍開，再擀開寬 5、長 10 公分，表面刷水，沾一層椰子粉，間距相等排入烤盤，鬆弛 20 分鐘。（圖 3~6）

10 烘烤：入爐，以上火 160°C / 下火 180°C，烤 15 分鐘。再轉向烤 15 ～ 20 分鐘。

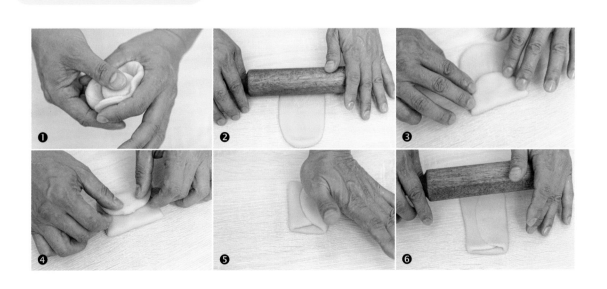

❶ ❷ ❸ ❹ ❺ ❻

Part
2
西點米食
系列

No.19

米波士頓派

製作數量：
8 吋烤模 1 個

	g
米穀粉（過篩）	20
低筋麵粉（過篩）	45
奶粉（過篩）	5
蛋黃	54
沙拉油	30
水	45
蛋白	105
細砂糖	58
鹽	1
檸檬汁	1

餡料

	g
動物性鮮奶油	200
果醬	適量

裝飾

	g
防潮糖粉	適量

作法

1　預爐：設定上火 170℃ / 下火 150℃。本配方是戚風蛋糕體的製作方法。

2　製作：乾淨鋼盆加入蛋黃、沙拉油、水，以打蛋器拌勻，加入過篩粉類拌勻，成麵糊。

3　乾淨鋼盆加入蛋白、細砂糖、鹽、檸檬汁，一起打至八、九分發，成蛋白霜。

4　取 1/3 蛋白霜與麵糊拌勻，再倒入剩餘蛋白霜，以軟刮板輕柔地翻拌均勻，倒入八吋派盤內，大致抹平。（圖 1~3）

5　烘烤：入爐，上火 170℃ / 下火 150℃，烤 15 ～ 20 分鐘，烤至中間鼓起，拉氣閥，烤箱微開一條縫，門縫夾手套，續烤 25 ～ 30 分鐘。

6　出爐，輕敲震出熱氣，倒扣於涼架上放涼。放涼後先從中剖開，再脫模。（圖 4~5）

7　組裝：動物性鮮奶油打至九分發。作為底部的蛋糕體抹上打發之動物性鮮奶油，中間要抹厚一些，再擠適量果醬，蓋上蛋糕，表面篩防潮糖粉。（圖 6）

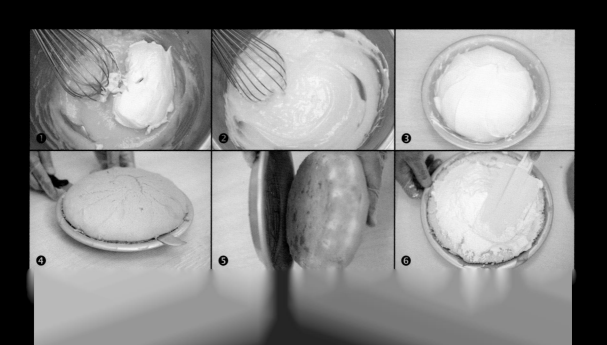

No.20
古早味九層天
使米蛋糕卷

材料

	g		g	餡料	g
米穀粉（過篩）	63	細砂糖（B）	180	美乃滋	150
低筋麵粉（過篩）	153	白醋	1	肉鬆	100
奶粉（過篩）	32	鹽	3		
水	153	九層塔	20		
蛋白（A）	90				
細砂糖（A）	48				
沙拉油	80				
蛋白（B）	346				

製作數量：烤盤長 42× 寬 32× 高 3.5 公分半盤

作法

1　預爐：設定上火 180°C / 下火 150°C，烤箱如果沒有上下火，建議設定 165°C 放中下層。
　　本配方是戚風蛋糕體的製作方法。

2　準備：白報紙裁切適當大小（半盤烤盤），鋪入烤盤備用。九層塔切碎。

3　製作：乾淨鋼盆加入蛋白（A）、細砂糖（A），用手動打蛋器打散。

4　加入水、沙拉油拌勻，加入過篩粉類拌勻，成麵糊。（圖 1~3）

5　乾淨鋼盆加入蛋白（B）、細砂糖（B）、白醋、鹽，攪拌機快速打發，打至八、九分發，
　　改中速攪打 1 分鐘使其細緻，成蛋白霜。（圖 4~5）

6　取 1/3 蛋白霜倒入麵糊中，用打蛋器拌勻。（圖 6）

7　再將麵糊倒入剩餘蛋白霜內拌勻，加入碎九層塔拌勻。（圖 7）

8　倒入作法 2 鋪上白報紙的烤盤，用刮板刮勻，使其平均分散。（圖 8~9）

9　烘烤：以上火 180°C / 下火 150°C，烤 25~30 分鐘。

10　出爐後，敲一下震出熱氣，置於涼架上放涼，撕下白報紙。

11　組裝：抹一層薄薄的美乃滋，撒適量肉鬆。（圖 10）

12　白報紙捲上長擀麵棍，用收捲白報紙的方式，邊壓邊向前推，將蛋糕捲起。（圖 11~12）

No.21
巧克力米蛋糕卷

材料

	g		g	餡料	g
米穀粉（過篩）	46g	沙拉油	66g	動物性鮮奶油	200g
低筋麵粉（過篩）	108g	細砂糖（A）	115g		
泡打粉（過篩）	2g	蛋白	262g	**裝飾加納許**	g
小蘇打粉	2g	細砂糖（B）	140g	苦甜巧克力	100g
可可粉	23g	白醋	1g	動物性鮮奶油	130g
奶粉（過篩）	12g	鹽	2g		
熱水	96g				
蛋黃	135g				

 製作數量：烤盤長 42× 寬 32× 高 3.5 公分半盤

作法

1 預爐：設定上火 180°C / 下火 150°C，烤箱如果沒有上下火，建議設定 165°C 放中下層。本配方是戚風蛋糕體的製作方法。

2 準備：白報紙裁切適當大小（半盤烤盤），鋪入烤盤備用。

3 熱水、可可粉、小蘇打粉拌勻泡開，放涼備用。

4 製作：乾淨鋼盆加入蛋黃、沙拉油，用手動打蛋器打散。

5 加入細砂糖（A）、作法 3 可可糊拌勻，加入剩餘過篩粉類拌勻，成麵糊。（圖 1~2）

6 乾淨鋼盆加入蛋白、細砂糖（B）、白醋、鹽，用電動打蛋器開快速打至八、九分發，改中速攪打 1 分鐘使其細緻，成蛋白霜。

7 取 1/3 蛋白霜倒入麵糊中，用打蛋器拌勻。（圖 3~4）

8 再將麵糊倒入剩餘蛋白霜內拌勻，倒入作法 2 鋪上白報紙的烤盤，用刮板刮勻，使其平均分散。（圖 5~6）

9 烘烤：以上火 180°C / 下火 150°C，烤 25~30 分鐘。

10 出爐後，敲一下震出熱氣，置於涼架上放涼，撕下白報紙。

11 組裝：將內餡的動物性鮮奶油打至八、九分發，抹薄薄一層在蛋糕表面。

12 白報紙捲上長擀麵棍，用收捲白報紙的方式，邊壓邊向前推，將蛋糕捲起，送入冷凍中凍硬。（圖 7）

13 動物性鮮奶油加熱至 60°C，倒入苦甜巧克力中，靜置 1 分鐘後，攪拌至融化，裝入擠花袋，隨意地擠上蛋糕捲做裝飾。（圖 8~9）

No.22
紅豆抹茶米蛋糕卷

材料

	g		g	內餡	g
米穀粉（過篩）	56	鹽	3	動物性鮮奶油	200
低筋麵粉（過篩）	82	沙拉油	72	蜜紅豆粒	80
泡打粉（過篩）	4	蛋白	255		
抹茶粉	20	細砂糖（B）	13		
奶粉	10	白醋	1		
熱水	128				
蛋黃	130				
細砂糖（A）	54				

🧑‍🍳 製作數量：烤盤長 42× 寬 32× 高 3.5 公分半盤

作法

1 　預爐：設定上火 180℃ / 下火 150℃，烤箱如果沒有上下火，建議設定 165℃ 放中下層。本配方是戚風蛋糕體的製作方法。

2 　準備：白報紙裁切適當大小（半盤烤盤），鋪入烤盤備用。

3 　熱水、抹茶粉、奶粉拌勻泡開，放涼備用。

4 　製作：乾淨鋼盆加入蛋黃、細砂糖（A）、鹽，用手動打蛋器打散。

5 　加入沙拉油、作法 3 抹茶糊拌勻，加入剩餘過篩粉類拌勻，成麵糊。（圖 1~3）

6 　乾淨鋼盆加入蛋白、細砂糖（B）、白醋，用電動打蛋器開快速打至八、九分發，改中速攪打 1 分鐘使其細緻，成蛋白霜。（圖 4）

7 　取 1/3 蛋白霜倒入麵糊中，用打蛋器拌勻。（圖 5~6）

8 　再將麵糊倒入剩餘蛋白霜內拌勻，倒入作法 2 鋪上白報紙的烤盤，用刮板刮勻，使其平均分散。（圖 7~9）

9 　烘烤：以上火 180℃ / 下火 150℃，烤 25~30 分鐘。

10 　出爐後，敲一下震出熱氣，置於涼架上放涼，撕下白報紙。（圖 10）

11 　組裝：將內餡的動物性鮮奶油打至八、九分發，加入蜜紅豆粒拌勻，抹上蛋糕。

12 　白報紙捲上長擀麵棍，用收捲白報紙的方式，邊壓邊向前推，將蛋糕捲起完成。（圖 11~12）

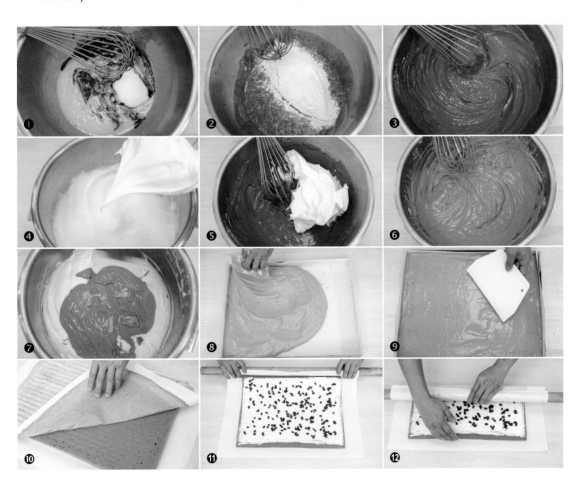

No.23
牛奶海綿
米蛋糕

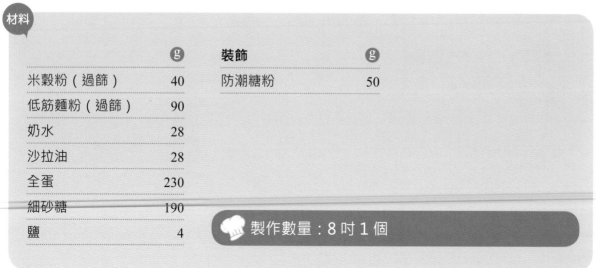

材料

	g	裝飾	g
米穀粉（過篩）	40	防潮糖粉	50
低筋麵粉（過篩）	90		
奶水	28		
沙拉油	28		
全蛋	230		
細砂糖	190		
鹽	4	製作數量：8 吋 1 個	

作法

1　預爐：設定上火 180°C / 下火 160°C，烤箱如果沒有上下火，建議設定 165°C 放中下層。本配方是海綿蛋糕體的製作方法。

2　製作：奶水、沙拉油混合均勻，放在熱水中保溫。（圖 1）

3　全蛋、細砂糖、鹽用手動打蛋器打散，隔水加熱，邊加熱邊攪拌，加熱至 45°C（約洗澡水的溫度），增加蛋糕的打發性。（圖 2）

4　倒入攪拌缸，使用球狀打蛋器快速打發，打至明顯有紋路，可以畫出「8 字」且三秒不沉，轉慢速攪打 1 分鐘，讓蛋糊細緻。（圖 3）

5　停下機器，加入過篩粉類，再開慢速攪拌均勻，拌至無粉粒。（圖 4）

6　取部分麵糊倒入作法 2 保溫的奶水、沙拉油中拌勻，再倒回麵糊再次拌勻。（圖 5~6）

7　倒入八吋不沾活動烤模內，入爐前用竹籤戳入畫「8 字」，再敲幾下，消除麵糊內的大氣泡。（圖 7）

8　烘烤：以上火 180°C / 下火 160°C，烤 30 分鐘。調爐，再入爐續烤 10~15 分鐘，出爐，放涼脫模。（圖 8~12）

9　出爐，輕敲震出熱氣，倒扣於涼架放涼，脫模完成。（圖 8~12）

No.24

情人果
磅蛋糕

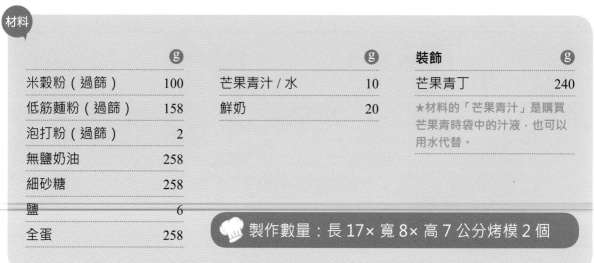

材料

	g		g	裝飾	g
米穀粉（過篩）	100	芒果青汁 / 水	10	芒果青丁	240
低筋麵粉（過篩）	158	鮮奶	20		
泡打粉（過篩）	2			★材料的「芒果青汁」是購買	
無鹽奶油	258			芒果青時袋中的汁液，也可以	
細砂糖	258			用水代替。	
鹽	6				
全蛋	258				

🧑‍🍳 製作數量：長 17× 寬 8× 高 7 公分烤模 2 個

作法

1 預爐：設定上火 170°C / 下火 170°C，烤箱如果沒有上下火，建議設定 170°C 放中下層。採糖油拌合法，果乾搭配米製原料做出不同口感。

2 準備：白報紙裁切適當大小，鋪入烤模備用。無鹽奶油室溫軟化。（圖 1）

3 製作：攪拌缸加入無鹽奶油、細砂糖、鹽，用槳狀攪拌器快速攪打，攪打期間要多次停下，用橡皮刮刀將未攪打到的部分刮入材料，再開機攪打，打至微微呈淡黃色。（圖 2~3）

4 分兩次加入全蛋，每加一次，就必須攪打到蛋液吃進材料中，才能再次加入。（圖 4~5）

5 加入過篩粉類攪打均勻，拌至無粉粒且顏色變淡。（圖 6~7）

6 加入芒果青丁拌勻，加入芒果青汁 / 水、鮮奶一同拌勻，倒入作法 2 烤模內。（圖 8~11）

7 烘烤：以上火 170°C / 下火 170°C，烤 30 分鐘。轉向，再烤 40~50 分鐘。

8 出爐，輕敲震出熱氣，立即脫模，移至涼架放涼。（圖 12）

No.25
瑪芬杯子蛋糕

材料

	g		g	內餡	g
無鹽奶油	82g	泡打粉（過篩）	3g	葡萄乾	100g
白油	56g	葡萄乾水	52g		
細砂糖	184g			裝飾	g
鹽	4g			杏仁片	適量
全蛋	153g				
米穀粉（過篩）	102g				
低筋麵粉（過篩）	102g				

 製作數量：高 3.7× 寬 7 公分杯子蛋糕模 8 個

作法

1　預爐：設定上火 180℃ / 下火 180℃，烤箱如果沒有上下火，建議設定 180℃ 放中下層。採糖油拌合法製作。

2　準備：無鹽奶油室溫軟化。葡萄乾泡水，浸泡約 10 分鐘，瀝乾水分切小丁，水跟葡萄乾都要保留。

3　製作：攪拌缸加入軟化無鹽奶油、白油、細砂糖、鹽，用漿狀攪拌器快速攪打，攪打期間要多次停下，用橡皮刮刀將未攪打到的部分刮入材料，再開機攪打，打至呈絨毛狀。（圖 1~2）

4　全蛋一顆一顆加入作法 3，每加入一顆，就必須攪打到蛋液完全吃進材料中，才能再加，避免油水分離。（圖 3~4）

5　加入過篩粉類拌勻，加入葡萄乾水拌勻，加入葡萄乾拌勻，完成麵糊。（圖 5~10）

6　麵糊裝入擠花袋內，擠入杯子蛋糕模，擠約八分滿，輕輕敲一下，震出麵糊內的氣泡。（圖 11~12）

7　烘烤：以上火 180℃ / 下火 180℃，烤 30~35 分鐘。

8　出爐，輕敲震出熱氣，移至涼架放涼。

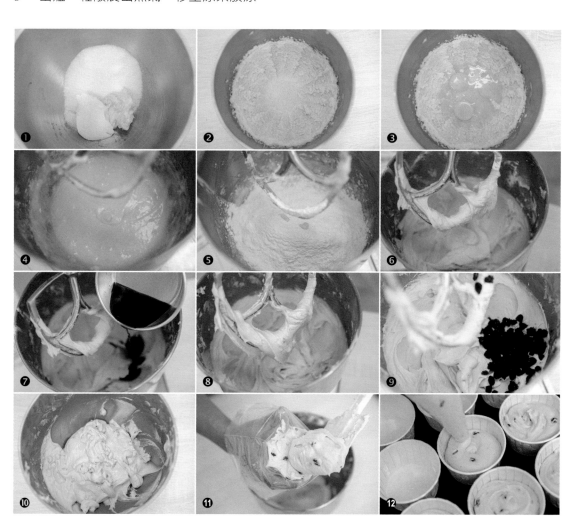

No.26
香蕉米蛋糕

材料

	g
蛋黃	86
細砂糖（A）	33
熟香蕉	100
沙拉油	38
鮮奶	38
米穀粉（過篩）	43
低筋麵粉（過篩）	68
蛋白	175
細砂糖（B）	93
鹽	1
白醋	1g

製作數量：6 吋烤模 2 個

作法

1　預爐：設定上火 180°C / 下火 150°C，烤箱如果沒有上下火，建議設定 165°C 放中下層。採糖油拌合法製作。

2　製作：乾淨鋼盆加入蛋黃、細砂糖（A），用手動打蛋器打散。（圖 1）

3　加入熟香蕉、沙拉油、鮮奶拌勻，加入過篩粉類拌勻，成麵糊。（圖 2~3）

4　乾淨鋼盆加入蛋白、細砂糖（B）、鹽、白醋，用電動打蛋器開快速打至八、九分發，改中速攪打 1 分鐘使其細緻，成蛋白霜。

5　取 1/3 蛋白霜倒入麵糊中，用打蛋器拌勻。（圖 4）

6　再將麵糊倒入剩餘蛋白霜內翻拌均勻，倒入模具中，入爐前用竹籤戳入畫「8 字」，消除麵糊內的大氣泡。（圖 5~6）

7　烘烤：以上火 180°C / 下火 150°C，烤 35~40 分鐘。

8　出爐，輕敲震出熱氣，移至涼架放涼。

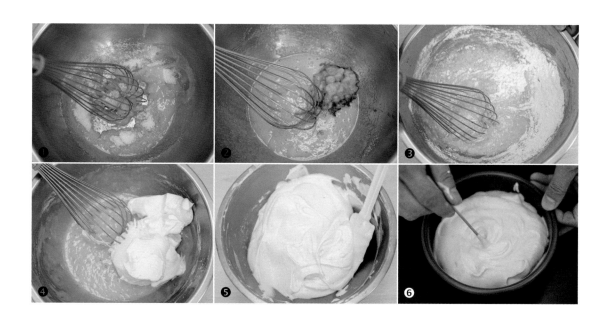

No.27
古早味肉鬆
米蛋糕

材料

	g
蛋黃	144
細砂糖（A）	60
芥花油	90
水	135
米穀粉（過篩）	60
低筋麵粉（過篩）	140
奶粉（過篩）	24
蔥花	30
蛋白	280
細砂糖（B）	150
鹽	3
白醋	1

內餡

	g
美乃滋	150
肉鬆	100

 製作數量：烤盤長 42× 寬 32× 高 3.5 公分半盤

作法

1　預爐：設定上火 180°C / 下火 150°C，烤箱如果沒有上下火，建議設定 165°C 放中下層。本配方是戚風蛋糕體的製作方法。

2　準備：白報紙裁切適當大小（半盤烤盤），鋪入烤盤備用。

3　製作：乾淨鋼盆加入蛋黃、細砂糖（A），用手動打蛋器打散。

4　加入芥花油、水拌勻，加入過篩粉類拌勻，成麵糊。（圖 1~3）

5　乾淨鋼盆加入蛋白、細砂糖（B）、鹽、白醋，用電動打蛋器開快速打至八、九分發，改中速攪打 1 分鐘使其細緻，成蛋白霜。

6　取 1/3 蛋白霜倒入麵糊中，用打蛋器拌勻，再將麵糊倒入剩餘蛋白霜內拌勻。（圖 4）

7　加入蔥花拌勻，倒入作法 2 鋪上白報紙的烤盤，用刮板刮勻，使其平均分散。（圖 5~6）

8　烘烤：以上火 180°C / 下火 150°C，烤 40~50 分鐘。

9　出爐，輕敲震出熱氣，移至涼架放涼，撕下白報紙。

10　組裝：抹一層薄薄的美乃滋，撒肉鬆。

11　白報紙捲上長擀麵棍，用收捲白報紙的方式，邊壓邊向前推，將蛋糕捲起完成。

No.28
奶油小西點

材料

👨‍🍳 製作數量：烤盤長 42× 寬 32× 高 3.5 公分可烤半盤

	g
蛋黃	54g
細砂糖（A）	30g
蛋白	105g
細砂糖（B）	90g
鹽	1g
米穀粉（過篩）	20g
低筋麵粉（過篩）	60g

內餡	g
無鹽奶油	60g
白油	60g
西點轉化糖漿	120g

裝飾	g
糖粉	適量

作法

1 預爐：設定上火 210℃/ 下火 150℃，烤箱如果沒有上下火，建議設定 180℃ 放中下層。本配方是戚風蛋糕體的製作方法。

2 準備：白報紙鋪入烤盤備用。

3 製作：乾淨鋼盆加入蛋黃、細砂糖（A），用手動打蛋器打發。（圖 1~2）

4 乾淨鋼盆加入蛋白、細砂糖（B）、鹽，用電動打蛋器開快速打至八、九分發，改中速攪打 1 分鐘使其細緻，成蛋白霜。

5 取 1/3 蛋白霜倒入作法 3 蛋黃糊中，用橡皮刮刀攪拌，用刮拌的方式拌勻。（圖 3）

6 再將麵糊倒入剩餘蛋白霜內拌勻，加入過篩粉類，用刮刀翻拌均勻。（圖 4）

7 裝入擠花袋（使用 1 公分平口花嘴，擠 10 公分長條狀，篩一層薄薄的糖粉。（圖 5~6）

8 烘烤：入爐，以上火 210℃/ 下火 150℃，烤 5 分鐘。調爐，再續烤 5~8 分鐘。

9 出爐，輕敲震出熱氣，移至涼架放涼。

10 組裝：無鹽奶油、白油、西點轉化糖漿一起打發，裝入擠花袋。

11 將蛋糕體兩兩配對，擠入內餡奶油霜，完成。

No.29

米桃酥

材料

	g
米穀粉	55
低筋麵粉	125
泡打粉	3
白胡椒粉	2
水	4
小蘇打粉	3
豬油	108
糖粉	30
細砂糖	65
鹽	2
全蛋	20
碎核桃	50

裝飾	g
蛋黃水	適量

製作數量:10 個

作法

1. 預爐:設定上火 180℃ / 下火 150℃,烤箱如果沒有上下火,建議設定 165℃ 放中下層。本配方用糕皮的方式製作,成品口感酥鬆。

2. 準備:核桃預先敲碎。米穀粉、低筋麵粉、泡打粉、白胡椒粉,混合過篩備用。(圖 1)

3. 另外將水、小蘇打粉混合備用。

4. 製作:乾淨鋼盆加入豬油、糖粉、細砂糖、鹽,一同拌勻。

5. 加入全蛋拌勻,加入作法 2 過篩粉類、作法 3 混合的小蘇打水拌勻。

6. 加入碎核桃拌勻,用袋子蓋著靜置鬆弛20分鐘。(圖 2)

7. 平均分割 10 團,搓圓,間距相等排入烤盤,每個間距約 5 公分,麵團中間用食指壓出一個洞,刷二次蛋黃水。(圖 3~5)

8. 烘烤:入爐,以上火 180℃ / 下火 150℃,烤 20 分鐘。調爐,續烤 10~15 分鐘。

9. 出爐,移至涼架放涼。(圖 6)

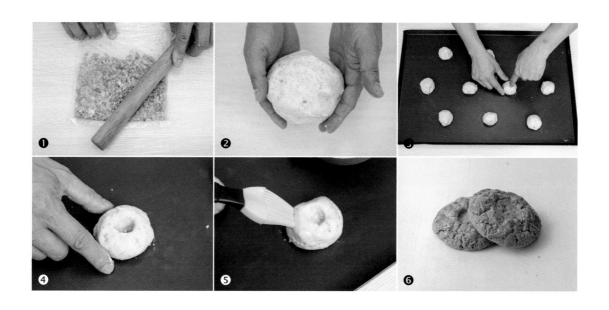

❶ ❷ ❸ ❹ ❺ ❻

No.30

杏仁冰箱餅乾

材料

	g
米穀粉	100
低筋麵粉	180
杏仁粉	20
無鹽奶油	150
糖粉	120
鹽	2
全蛋	75
杏仁角	100

製作數量：34 片

作法

1 預爐：設定上火 200℃ / 下火 160℃，烤箱如果沒有上下火，建議設定 180℃ 放中下層。採糖油拌合法製作。

2 準備：無鹽奶油室溫軟化。米穀粉、低筋麵粉、杏仁粉、糖粉分別過篩。

3 製作：攪拌缸加入無鹽奶油、糖粉、鹽，用漿狀攪拌機拌勻，攪打期間要多次停下，用橡皮刮刀將未攪打到的部分刮入材料，再開機攪打，打至呈絨毛狀。（圖 1）

4 分次加入全蛋拌勻，加入剩餘過篩粉類拌勻，加入杏仁角拌勻。（圖 2~6）

5 裝入兩斤袋中，搭配硬刮板整形成長 27 × 寬 8 × 高 8 公分之長條，放入冷凍鬆弛 2 小時。取出，每塊切 0.8 公分厚，間距相等排入不沾烤盤。（圖 7~9）

6 烘烤：入爐，以上火 200℃ / 下火 160℃，烤 15~20 分鐘。

7 出爐，輕敲震出熱氣，移至涼架放涼。

❶ ❷ ❸ ❹ ❺ ❻ ❼ ❽ ❾

Part
3

糕點燒餅
系列

No.31
椰香燒餅

材料

油皮（分割 40g） g

中筋麵粉	250g
糖粉	30g
水	135g
沙拉油	20g

油酥（分割 20g） g

低筋麵粉	85g
椰子粉	60g
奶粉	15g
沙拉油	60g

裝飾 g

椰子粉	適量

 製作數量：10 個

作法

1　預爐：設定上火 200°C／下火 220°C。

2　油皮：所有材料一同放入攪拌缸，打至光滑成團。

3　表面用容器倒蓋，靜置鬆弛 20 分鐘，分割 40g，滾圓。

4　油酥：所有材料放上桌面，以壓拌手法拌勻，分割 20g，滾圓。

5　整形：油皮包油酥。（圖 1~3）

6　擀開，三摺二，再擀約手掌心大小，表面沾水，沾上椰子粉，間距相等排入不沾烤盤，鬆弛 10～15 分鐘。（圖 4~9）

7　烘烤：入爐，以上火 200°C／下火 220°C，烤 5~8 分鐘，表面呈金黃色，即完成。

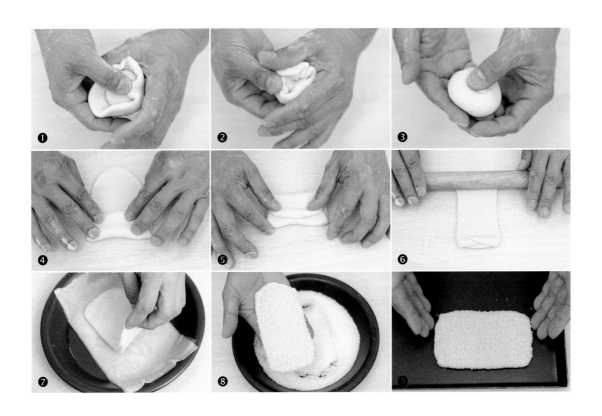

No.32

地瓜燒餅

材料

麵皮（分割 40g） g

中筋麵粉	250
糖粉	40
水	120
沙拉油	20

地瓜餡酥（分割 23g） g

低筋麵粉	80
沙拉油	60
熟地瓜泥	100

裝飾 g

熟白芝麻	適量

作法

1　預爐：設定上火 210°C / 下火 230°C。

2　麵皮：所有材料一同放入攪拌缸，打至光滑成團。

3　表面用容器倒蓋，靜置鬆弛 20 分鐘，分割 40g，滾圓。

4　地瓜餡酥：沙拉油燒熱至 160°C，關火，加入低筋麵粉拌成糊狀。

5　加入熟地瓜泥拌勻，適時以沙拉油（配方外）調整軟硬度，分割 23g，滾圓。

6　整形：麵皮擀開包入地瓜餡，妥善收口。（圖 1~3）

7　擀開，三摺二，再擀約長 10 × 寬 5 公分，表面沾水，沾上白芝麻，芝麻面先朝下烤，間距相等排入不沾烤盤，鬆弛 10~15 分鐘。（圖 4~5）

8　烘烤：入爐，以上火 210°C / 下火 230°C，烤 8 分鐘。

9　翻面，轉向烤 5 ～ 10 分鐘，烤至雙面呈金黃色即完成。（圖 6）

No.33
紅豆燒餅

材料

麵皮（分割 40g）　g

糯米粉	180
樹薯粉	20
細砂糖	40
鹽	2
水	165
沙拉油	2

餡料（分割 20g）　g

市售紅豆餡	200

作法

1　預爐：設定上火 210°C / 下火 230°C。

2　麵皮：攪拌缸加入糯米粉、樹薯粉，使用槳狀攪拌器慢速混合均勻。（圖 1）

3　有柄鍋子加入水、細砂糖、鹽，中火煮至 100°C，沖入作法 1 粉類，攪拌成棉絮狀。（圖 2~3）

4　加入沙拉油，攪拌至光滑有彈性。袋子抹適量沙拉油（配方外），放入麵團，鬆弛 10 分鐘。（圖 4~6）

5　餡料：市售紅豆餡每個分割 20g，搓圓。手沾適量沙拉油，每個麵皮分割 40g，滾圓。

6　整形：手沾適量沙拉油，擀開麵皮包入餡料，妥善收口，再擀開成直徑約 10 公分圓片。（圖 7~8）

7　烘烤：平底鍋加入少許沙拉油熱油，放入整形好的圓片，煎烙至雙面成金黃色即完成。（圖 9）

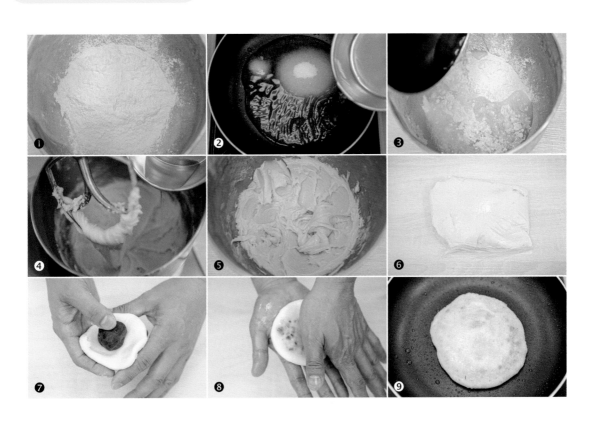

No.34
蔥燒餅

材料

麵皮 ⓖ

中筋麵粉	300
糖粉	20
水	160
沙拉油	10
速發酵母	6
鹽	4

餡料 ⓖ

蔥花	150
白胡椒粉	5
鹽	6
沙拉油	5

裝飾 ⓖ

熟白芝麻	適量

作法

1　預爐：設定上火 230℃ / 下火 250℃。

2　麵皮：所有材料一同放入攪拌缸，打至光滑成團、有延展性。

3　表面用容器倒蓋，靜置鬆弛 30 分鐘。

4　餡料：所有材料一同拌勻。注意要在麵皮鬆弛時預先備妥材料，整形前才拌勻。

5　整形：鬆弛好之麵皮用壓麵機壓開，或是用擀麵棍擀開，擀厚度約 0.6 公分之長條狀。

6　在麵片上刷薄薄一層沙拉油（配方外），平均鋪上拌勻的餡料，摺三摺，寬約 6 公分。（圖 1~3）

7　噴水，撒上熟白芝麻，每 6 公分切一段，間距相等排入烤盤，鬆弛 30~40 分鐘。（圖 4~5）

8　入爐前，中間用筷子壓一下，變化造型。（圖 6）

9　烘烤：入爐，上火 210℃ / 下火 230℃，烤 12~15 分鐘，烤至表面呈金黃色即完成。

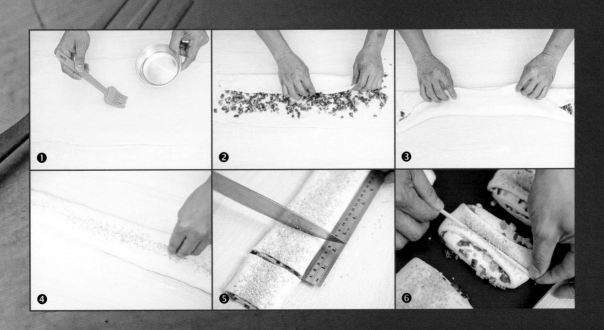

❶ ❷ ❸ ❹ ❺ ❻

No.35

糖鼓燒餅

材料

油皮（分割 40g） g

中筋麵粉	400
糖粉	38
水	240
沙拉油	15
速發酵母粉	2
鹽	2

油酥（分割 20g） g

低筋麵粉	240
沙拉油	100

餡料（分割 20g） g

花生粉	170
二砂糖	170

裝飾 g

熟白芝麻	適量

作法

1　預爐：設定上火 200˚C / 下火 180˚C。

2　油皮：所有材料一同放入攪拌缸，打至光滑成團、有延展性。

3　表面用容器倒蓋，靜置鬆弛 20 分鐘，分割 40g，滾圓。

4　油酥：沙拉油燒熱至 150˚C，關火，加入低筋麵粉拌成糊狀放涼，分割 20g，滾圓。

5　餡料：花生粉、二砂糖裝入袋子中，晃動袋子讓材料均勻混合。

6　整形：油皮包油酥，擀捲二次，蓋上塑膠袋鬆弛 20 分鐘。

7　酥油皮擀開約手掌心大小，用湯匙包入 20g 餡料，收口捏緊。（圖 1~3）

8　擀開成牛舌狀，表面沾水，沾熟白芝麻，間距相等排入不沾烤盤，鬆弛 20~30 分鐘。（圖 4~6）

9　烘烤：入爐，以上火 200˚C / 下火 180˚C，烤 12~15 分鐘，烤至表面呈金黃色即完成。

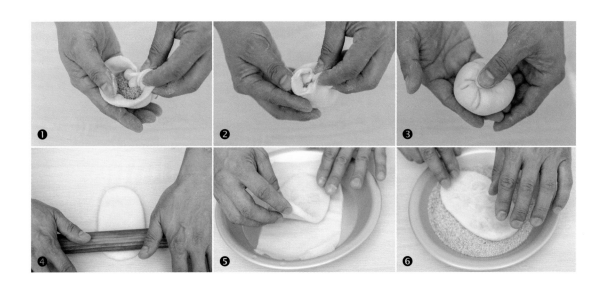

❶ ❷ ❸ ❹ ❺ ❻

No.36

廣式小月餅

材料

糕皮（分割 14g） ⓖ

低筋麵粉（過篩）	150
中點轉化糖漿	88
花生油	42
鹼水	4

餡料（分割 46g） ⓖ

含油烏豆沙	720
碎核桃	200

裝飾 ⓖ

蛋黃水	適量

★鹼水之比例為，鹼粉 1：水 4。

作法

1　預爐：設定上火 230˚C／下火 180˚C。

2　餡料：所有材料一同拌勻，每個分割 46g，搓圓。

3　糕皮：攪拌缸加入中點轉化糖漿、花生油，以槳狀攪拌器中速拌勻。

4　加入低筋麵粉、鹼水拌至成團，表面用容器倒蓋，靜置鬆弛 30 分鐘，分割 14g，滾圓。

5　整形：糕皮沾適量手粉（高筋麵粉），輕拍擀開，包入餡料，收口確實包緊實，不能漏餡，再次沾上手粉。（圖 1~2）

6　壓入模具塑形，小心取出，間距相等放入不沾烤盤，將表面多餘手粉刷掉。（圖 3~6）

7　烘烤：入爐，以上火 230˚C／下火 180˚C，烤 8~10 分鐘。

8　出爐，表面刷二遍蛋黃水，調爐續烤，以上火 200˚C／下火 160˚C，烤 8~10 分鐘。

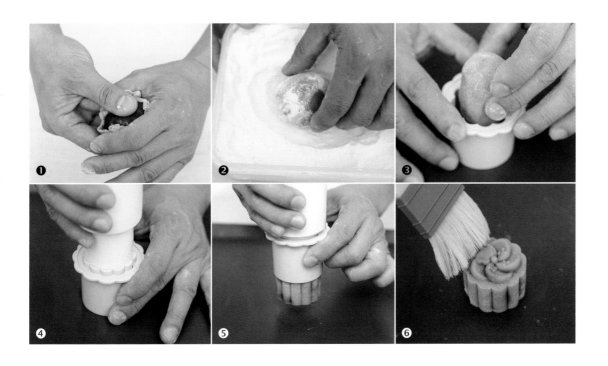

No.37

臺式小月餅

材料

糕皮（分割 18g）

	g
全蛋	43
糖粉（過篩）	72
西點轉化糖漿	16
鹽	2
無鹽奶油	36
低筋麵粉（過篩）	180
泡打粉（過篩）	2
奶粉（過篩）	12

餡料（分割 40g）

	g
含油烏豆沙餡	800

裝飾

	g
蛋黃水	適量

作法

1. 預爐：設定上火 220°C / 下火 180°C。

2. 餡料：含油烏豆沙餡每個分割 40g，搓圓。

3. 糕皮：攪拌缸加入全蛋、糖粉、西點轉化糖漿、鹽、無鹽奶油，以槳狀攪拌器中速拌勻。

4. 加入低筋麵粉、泡打粉、奶粉拌至成團，表面用容器倒蓋，靜置鬆弛 30 分鐘，分割 18g，滾圓。

5. 整形：將糕皮壓開，包入餡料，收口部分要確實包緊實，不能漏餡。（圖 1~2）

6. 沾適量手粉，壓入模具塑形，小心取出，間距相等放入不沾烤盤，將表面多餘手粉刷掉。（圖 3~6）

7. 烘烤：入爐，以上火 220°C / 下火 180°C，烤 8~10 分鐘。

8. 出爐，表面刷二遍蛋黃水，調爐續烤，以上火 200°C / 下火 160°C，烤 8~10 分鐘。

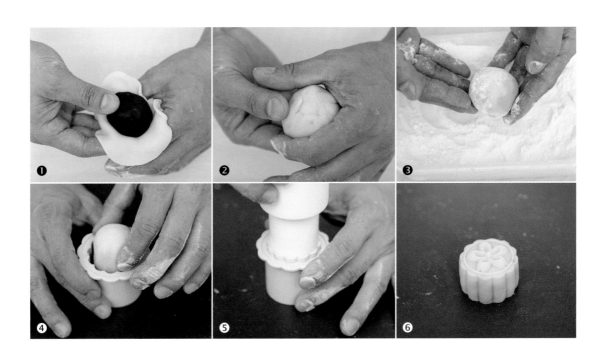

No.38

核桃米
鳳梨酥

"

材料

鳳梨皮（分割 30g）

	g
無鹽奶油	160
糖粉（過篩）	80
鹽	2
蜂蜜	5
全蛋液	50
米穀粉（過篩）	100
低筋麵粉（過篩）	180
奶粉（過篩）	25
杏仁粉（過篩）	15

餡料（分割 23g）

	g
市售鳳梨餡	380
碎核桃	80

作法

1　預爐：設定上火 180°C／下火 160°C。

2　餡料：市售鳳梨餡、碎核桃拌勻，每個分割 23g，搓圓。

3　鳳梨皮：攪拌缸加入無鹽奶油慢速打軟，加入糖粉、鹽、蜂蜜一同打發，打至糖融化、呈乳白色絨毛狀。

4　分次加入全蛋液拌勻，加入過篩粉類，用橡皮刮刀拌勻成團。

5　用保鮮膜包覆，靜置鬆弛 30 分鐘，分割每個 30g，滾圓。

6　整形：鳳梨皮放在手上輕輕壓扁，包入餡料，收口整形成圓形。（圖 1~2）

7　鳳梨酥烤模間距相等放上不沾烤盤，放入作法 6 麵團，壓模整形。（圖 3~4）

8　烘烤：入爐進行第一段烘烤，以上火 180°C／下火 160°C，烤 15 分鐘；再進行第二段烘烤，取出翻面，繼續烤焙約 10~15 分鐘，烤至雙面成金黃色。（圖 5~6）

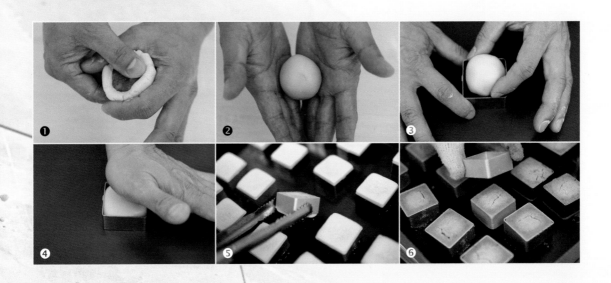

材料

糕皮（分割 29g）	g
全蛋	60
糖粉	115
鹽	3
花生油	82
低筋麵粉（過篩）	290
布丁粉（過篩）	25
奶粉（過篩）	12
泡打粉（過篩）	2
小蘇打粉（過篩）	1

餡料（分割 15g）	g
市售芋頭餡	300

裝飾	g
蛋黃水	適量

製作數量：20 個

作法

1　預爐：設定上火 200°C / 下火 180°C。

2　餡料：市售芋頭餡分割每個 15g，搓圓。

3　糕皮：攪拌缸加入全蛋、糖粉、鹽、花生油，慢速混合材料。

4　加入過篩粉類，慢速拌至材料大致混合，再轉中速拌至成團。

5　表面用容器倒蓋，靜置鬆弛 30 分鐘，分割 29g，滾圓。

6　整形：糕皮輕拍擀開，包入餡料，收口確實包緊實，不能漏餡，搓成圓形。（圖 1~5）

7　烘烤：入爐，以上火 200°C / 下火 180°C，烤 8~10 分鐘。出爐，表面刷蛋黃水，轉向再烤 8~10 分鐘。（圖 6）

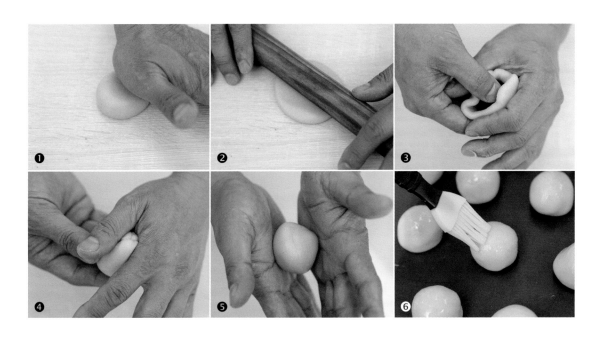

Part
4

客家米食
系列

No.40
紅粄

材料

粄皮（分割 80g）   g

圓糯米	1350
蓬萊米	756
紅色 6 號	適量

紅豆餡（分割 50g）   g

紅豆	600
二砂糖	500
沙拉油	適量
奶粉	20
無鹽奶油	30

其他   g

香蕉葉（或饅頭紙）6 大片	

★建議使用兩年的老糯米，產品口感才會Q，使用新米也可以，但口感只會軟不會Q。

製作數量：40 個

作法

1 紅豆餡：紅豆洗淨放入電鍋內鍋，倒入水（配方外），內鍋水要淹過紅豆，外鍋加入 6 杯水，反覆蒸兩次，將紅豆蒸熟撈起瀝乾。

2 有柄鍋子加入所有材料，以小火炒至收乾，放涼分割 50g。

3 粄皮：圓糯米、蓬萊米清洗淨泡 3 小時，磨成米漿，將水分擠出，脫水成粄團。

4 作法 3 粄團取 250g，用沸水煮熟成粄母，倒入剩餘粄團裡，加入紅色 6 號搓揉至光滑成團，分割 80g，滾圓。

5 整形：雙手抹少許的沙拉油（使操作不黏手），粄皮捏成圓片，包入紅豆餡收口，整形成圓形，取抹適量沙拉油的香蕉葉墊底，再把多餘的葉子剪掉。（圖 1~6）

6 熟製：放入預熱好的蒸籠，大火蒸 10 分鐘，開鍋蓋讓蒸氣散出，再蓋上鍋蓋轉中火蒸 10 分鐘。

7 再次開鍋蓋讓蒸氣散出，再蒸 10 分鐘，時間到用竹籤戳入紅粄，食材不沾黏竹籤即代表蒸熟。

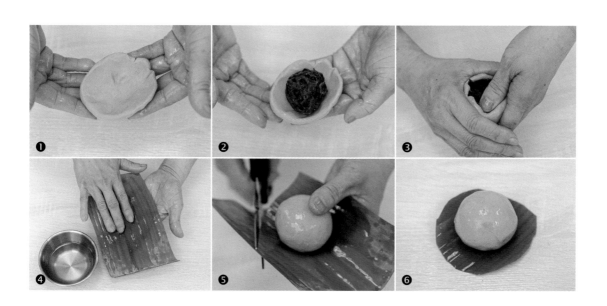

No.41

客家菜包

材料

叛皮（分割 100g） ⓖ

圓糯米	675
蓬萊米	1000
鹽	10

★建議使用兩年的老糯米，產品口感才會Q，使用新米也可以，但口感只會軟不會Q。

餡料（分割 70g） ⓖ

生白蘿蔔絲	1800
豬絞肉	600
沙拉油	50
紅蔥頭（碎）	8 粒
蝦米	20
香菇（碎）	8 朵

調味料 ⓖ

醬油	1 大匙
鹽	10
味精（可加可不加）	1 小匙
白胡椒粉	6

其他 ⓖ

柚子葉（或饅頭紙）	28 片

製作數量：28 個

作法

1　餡料：煮熟生白蘿蔔絲，擠乾水分備用。

2　鍋子倒入沙拉油，中火熱油，加入豬絞肉炒至半白，加入紅蔥頭碎炒香，加入蝦米、香菇碎翻炒均勻，加入作法1擠乾水分的白蘿蔔絲同炒，加入調味料拌勻，放涼。

3　叛皮：圓糯米、蓬萊米清洗淨泡3小時，磨成米漿，將水分擠出，脫水成叛團。

4　作法3叛團取300g，用沸水煮熟成叛母，倒入剩餘叛團裡，加入鹽揉成軟硬適中的粉團，分割100g，滾圓。

5　整形：雙手抹少許的沙拉油（使操作不黏手），叛皮捏成圓片，放入70g內餡收口整出圓形，再捏出一條隆起的邊。（圖1~5）

6　取抹適量沙拉油的柚子葉墊底，再把多餘的葉子剪掉。（圖6）

7　熟製：放入預熱好的蒸籠，大火蒸10分鐘，開鍋蓋讓蒸氣散出，再蓋上鍋蓋轉中火蒸10分鐘。

8　再次開鍋蓋讓蒸氣散出，再蒸10分鐘，時間到用竹籤戳入，食材不沾黏竹籤即代表蒸熟。

❶ ❷ ❸ ❹ ❺ ❻

No.42

艾草粄

★ 可自由變化造型 ~

材料

㭕皮（分割 80g） （g）

圓糯米	675
蓬萊米	675
艾草（煮熟擠乾）	200
二砂糖	200

★建議使用兩年的老糯米，產品口感才會Q。使用新米也可以，但口感只會軟不會Q。

餡料（分割 50g） （g）

蘿蔔乾絲	300
豬絞肉	300
香菇（絲）	6 朵
蝦米	20
紅蔥頭（碎）	10 粒
沙拉油	50

調味料 （g）

醬油	30
鹽	5
味精（可加可不加）	1 匙
白胡椒粉	5

其他 （g）

香蕉葉（或饅頭紙）	26 片

製作數量：26 個

作法

1. 餡料：蘿蔔乾燙熟撈起瀝乾，再擠乾水分切細絲備用。

2. 鍋子倒入沙拉油，中火熱油，加入豬絞肉炒至焦香，加入香菇絲、蝦米炒香，加入紅蔥酥炒香，加入蘿蔔絲炒香，加入調味料拌勻，放涼。

3. 㭕皮：圓糯米、蓬萊米清洗淨泡 3 小時，磨成米漿，將水分擠出，脫水成㭕團。

4. 作法 3 㭕團取 150g，用沸水煮熟成㭕母，倒入剩餘㭕團裡，加入艾草、二砂糖揉成軟硬適中的粉團，分割 80g，滾圓。

5. 整形：雙手抹少許的沙拉油（使操作不黏手），㭕皮捏成圓片，放入 50g 內餡收口滾圓，再捏出一條隆起的邊。（圖 1~4）

6. 取抹適量沙拉油的香蕉葉墊底，再把多餘的葉子剪掉。（圖 5~6）

7. 熟製：放入預熱好的蒸籠，大火蒸 10 分鐘，開鍋蓋讓蒸氣散出，再蓋上鍋蓋轉中火蒸 10 分鐘。

8. 再次開鍋蓋讓蒸氣散出，再蒸 10 分鐘，時間到用竹籤戳入，食材不沾黏竹籤即代表蒸熟。

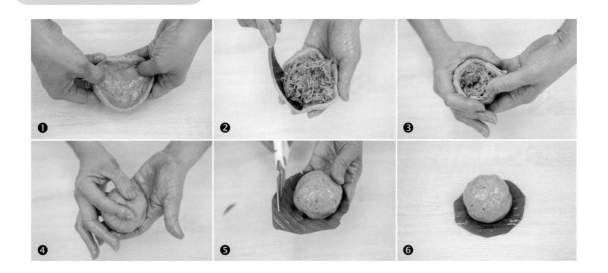

❶ ❷ ❸ ❹ ❺ ❻

No.43

南瓜粄

材料

粄皮（分割 80g）	g
圓糯米	675
蓬萊米	675
蒸熟南瓜泥	300
細砂糖	80

★建議使用兩年的老糯米，產品口感才會Q，使用新米也可以，但口感只會軟不會Q。

餡料（分割 50g）	g
蘿蔔乾	300
豬絞肉	300
紅蔥頭（碎）	10 粒
香菇（碎）	10 朵
蝦米	20
沙拉油	50

調味料	g
鹽	1 匙
味精	1 匙
白胡椒粉	1 匙
醬油	30
米酒	1 大匙

其他	g
香蕉葉	26 小片
葡萄乾	適量

作法

1　餡料：蘿蔔乾燙熟撈起瀝乾，再擠乾水分，切細絲備用。

2　鍋子倒入沙拉油，中火熱油，加入豬絞肉炒至半白，加入紅蔥頭、香菇碎、蝦米炒香，加入蘿蔔絲炒香，加入調味料拌勻，放涼。

3　粄皮：圓糯米、蓬萊米清洗淨泡 3 小時，磨成米漿，將水分擠出，脫水成粄團。

4　作法 3 粄團取 150g，用沸水煮熟成粄母，倒入剩餘粄團裡，加入蒸熟南瓜泥、細砂糖揉成軟硬適中的粉團，分割 80g，滾圓。

5　整形：雙手抹少許的沙拉油（使操作不黏手），粄皮捏成圓片，放入 50g 內餡收口整成圓形，用硬刮板壓出造型，中心處放上葡萄乾，成南瓜造型。（圖 1~4）

6　取抹適量沙拉油的香蕉葉墊底，再把多餘的葉子剪掉。（圖 5~6）

7　熟製：放入預熱好的蒸籠，大火蒸 10 分鐘，開鍋蓋讓蒸氣散出，再蓋上鍋蓋轉中火蒸 10 分鐘。

8　再次開鍋蓋讓蒸氣散出，再蒸 10 分鐘，時間到用竹籤戳入，食材不沾黏竹籤即代表蒸熟。。

No.44

客家九層糕

材料

	g
在來米	675
冷水	1100
地瓜粉	350
鹽	10
黑糖	400
二砂糖	300
沸水	2100

其他

	g
玻璃紙	1 張

 製作數量：一盤（可裝 4000g 液體之深長盤）

作法

1　製作：在來米洗淨泡水（配方外，水量需淹過米），浸泡 2 小時，撈起瀝乾水分備用。

2　泡好的在來米加入冷水，以果汁機打成米漿備用。（圖 1）

3　加入地瓜粉拌勻，分成兩份；一份白色米漿與鹽拌勻，過篩備用（此為原味米漿）。

4　另一份白色米漿加入黑糖、二砂糖，拌至材料溶化，過篩備用（此為黑糖米漿）。

5　沸水分成兩份（每份 1050g），一份沖入作法 3 原味米漿拌勻，另一份沖入作法 4 黑糖米漿拌勻。（圖 2~3）
★拌至材料糊化，若兩份米漿糊化程度不足，必須回爐子上邊加熱邊攪拌，拌至糊化（糊化至不沉澱即可）。

6　熟製：容器放入玻璃紙鋪平，再放入預熱好的蒸籠，倒入黑糖米漿，蒸 5~7 分鐘，蒸熟。（圖 4）

7　倒入原味米漿，蒸 5~7 分鐘，蒸熟。依照此方法一層一層交替蒸熟，注意每層一定要蒸熟。（圖 5~6）

8　全部蒸完後放涼，切塊，冷藏一晚口感更 Q 彈。

No.45

客家鹹水粄

材料

米漿

	g
在來米	350
冷水	500
地瓜粉	50
鹽	6
熱水	1200

餡料

	g
沙拉油	3 大匙
豆干（碎丁）	3 片
紅蔥頭（碎）	4 顆
菜脯（碎）	100
鹽	適量
白胡椒粉	適量
醬油	2 匙
蔥（碎）	3 支

醬汁

	g
蒜泥	20
二砂糖	10
醬油膏	80
開水	50

作法

1 餡料：鍋子倒入沙拉油，中火熱油，加入豆干炒至微乾，加入紅蔥頭炒香，加入菜脯炒香，加入鹽、白胡椒粉、醬油、蔥拌炒完成。（圖 1）

2 製作：在來米洗淨泡水（配方外，水量需淹過米），浸泡 2 小時，撈起瀝乾水分備用。

3 泡好的在來米加入冷水，以果汁機打成米漿，加入地瓜粉、鹽拌勻過篩。（圖 2）

4 將熱水沖入作法 3 米漿拌勻，拌勻成糊狀，若糊化程度不足，再把拌勻米漿回煮至糊稠狀（不可太濃稠），倒入瓷碗中。（圖 3~5）

5 熟製：放入預熱好的蒸籠，用中大火蒸 20 分鐘，蒸熟，佐上拌勻的醬汁即可食用。（圖 6）

No.46
客家甜水粄

材料

米漿 （g）

在來米	400
冷水	500
地瓜粉	50

餡料 （g）

熱水	1000
黑糖	180
二砂糖	180

 製作數量：12 碗

作法

1　製作：在來米洗淨泡水（配方外，水量需淹過米），浸泡 2 小時，撈起瀝乾水分備用。

2　泡好的在來米加入冷水，以果汁機打成米漿，加入地瓜粉拌勻，過篩備用。（圖 1）

3　熱水與黑糖、二砂糖一同煮沸，煮至材料溶化，過篩。（圖 2）

4　沖入作法 2 米漿水拌勻，拌勻成糊狀，若糊化程度不足，再回煮至糊稠狀（不可太濃稠），倒入瓷碗中。（圖 3~6）

5　熟製：放入預熱好的蒸籠，用中大火蒸 20 分鐘，蒸熟。

❶　❷　❸
❹　❺　❻

No.47

米苔目

材料

米苔目

	g
在來米（泡水後秤）	300
水	600
太白粉	200

湯料

	g
沙拉油	4 大匙
五花肉塊	150g
紅蔥頭（碎）	5 粒
香菇（碎）	5 朵
蝦米	20g
水	1000
芹菜（切珠）	2 支
蔥（切珠）	2 支

調味料

	g
醬油	2 匙
胡椒粉	1 匙
鹽	1 匙
味精（可加可不加）	1/2 匙

作法

1　米苔目：在來米洗淨泡水（配方外，水量需淹過米），浸泡 2 小時，撈起瀝乾水分，秤出配方量。

2　泡好的在來米加入水，以果汁機打成米漿，過篩備用。（圖 1）

3　中火隔水加熱，邊加熱邊攪拌，拌至糊狀，離火，攪拌至無顆粒。（圖 2）

4　加入太白粉，用軟刮板輔助拌勻，拌成米漿團，靜置 20 分鐘。（圖 3~4）

5　鍋子加入適量清水煮 90℃，放上網盤，再放上作法 4 材料，用手將米漿團往下按壓，米漿團透過網洞會形成麵條。（圖 5）

6　汆燙定型，泡入冷水中冷卻，撈起備用。（圖 6）

7　湯料：起鍋倒入沙拉油，加入五花肉塊爆香，加入紅蔥頭碎爆香，再加入香菇碎、蝦米炒香。

8　沿著鍋邊嗆入醬油翻炒均勻，倒入水煮沸，加入剩餘調味料煮勻。

9　組合：米苔目取食用份量煮熟，盛碗，倒入湯料至八分滿，撒上芹菜珠、蔥花完成。

No.48
菜頭粄

製作數量：一盤（可裝 3500g 液體之深長盤）

材料

	g
在來米	675
水	1250
地瓜粉	180
白胡椒粉	1 大匙
鹽	30
沙拉油	30
白蘿蔔絲	2000

其他	g
玻璃紙	1 張

作法

1　製作：在來米洗淨泡水（配方外，水量需淹過米），浸泡 3 小時，撈起瀝乾水分。

2　泡好的在來米加入水，以果汁機打成米漿，過篩備用。（圖 1）

3　加入地瓜粉、白胡椒粉、鹽、沙拉油拌勻。（圖 2~4）

4　鍋中加入白蘿蔔絲，放入一碗水，小火煮軟。

5　沖入調味好的作法 3 米漿水，小火煮至糊狀。（圖 5~6）

6　容器抹上適量沙拉油（配方外，用以幫助脫模），或放入玻璃紙鋪平，倒入作法 5 材料。

7　熟製：放入預熱好的蒸籠，用大火蒸 60 分鐘，蒸熟，放涼切塊即可食用。

“

No.49

芋粿翹

”

材料

粿團（分割 80g）	g
老圓糯米	1000
在來米	200

餡料	g
沙拉油	5 大匙
紅蔥頭（碎）	10 顆
蝦米	30
芋頭	800

調味料	g
醬油	5
白胡椒粉	5
鹽	8
味精（可加可不加）	少許

製作數量：35 個

作法

1　餡料：芋頭洗淨削皮，取 500g 刨絲；取 300g 切小丁。

2　乾淨鍋子倒入沙拉油熱油，加入紅蔥頭碎、蝦米，中火爆香，加入作法 1 兩種刀工的芋頭轉小火燜，加入調味料拌勻炒香，放涼備用。（圖 1）

3　粿團：老圓糯米、在來米洗淨泡水（配方外，水量需淹過米），浸泡 3 小時，撈起瀝乾水分。

4　再磨成米漿，將水分擠出，脫水成粿團。

5　作法 4 粿團取 200g，用沸水煮熟成粿母，倒入剩餘粿團裡，拌勻至軟硬適中。（圖 2~3）

6　組合：將炒好的作法 2 餡料加入作法 5 粿團中拌勻，手沾適量沙拉油（使操作不黏手），分割 80g，捏成半月形。（圖 4~6）

7　熟製：放入預熱好的蒸籠，大火蒸 10 分鐘，開鍋蓋讓蒸氣散出，再蓋上鍋蓋轉中火蒸 5 分鐘。

8　再次開鍋蓋讓蒸氣散出，再蒸 5 分鐘，時間到用竹籤戳入芋粿翹，食材不沾黏竹籤即代表蒸熟。

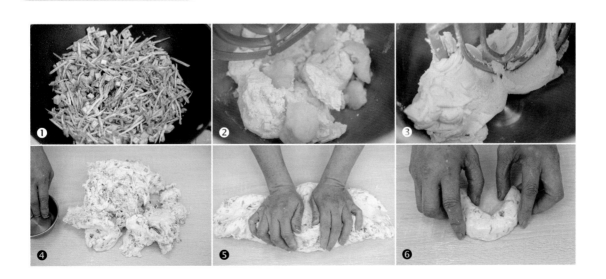

117

No.50
油餧仔
（油炸湯圓）

118

材料

（分割 40g）	g
圓糯米	675
細砂糖	300
地瓜	200
中筋麵粉	200
即發乾酵母	10

其他	g
生白芝麻	適量
沙拉油	適量

作法

1　製作：圓糯米洗淨泡水（配方外，水量需淹過米），浸泡 3 小時，撈起瀝乾水分。

2　磨成米漿，將水分擠出，脫水成粄團。

3　地瓜洗淨削皮切成薄片，秤出配方量，以蒸籠蒸熟備用。

4　取出粄團 150g 用沸水煮成粄母。粄母、剩餘粄團、蒸熟地瓜片、細砂糖、即發乾酵母拌勻成團，揉至軟硬適中（若是太濕，再加入配方之中筋麵粉拌勻），分割 40g，搓圓。（圖 1~4）

5　盤子放上生白芝麻、作法 4 食材，前後晃動盤子，使白芝麻均勻沾裹湯圓。

　　★生白芝麻可用可不用，依個人喜好決定即可。

6　熟製：油鍋加入沙拉油，燒熱至 180℃，將湯圓炸至金黃熟成。（圖 5~6）

　　★炸的時候用漏杓按壓湯圓，可使湯圓更圓更膨。

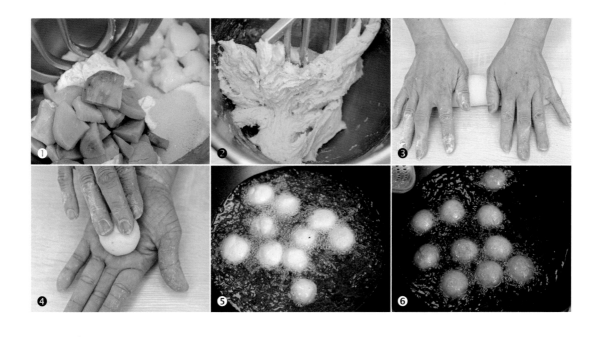

No.51

客家湯圓

材料

米團（原味湯圓）	g
老圓糯米	675

紅色湯圓	g
紅色 6 號色素	適量

甜湯湯底	g
桂圓肉	60
二砂糖	350
水	1500

 製作數量：200 顆

作法

1　米團：老圓糯米洗淨泡水（配方外，水量需淹過米），浸泡 3 小時，撈起瀝乾水分。

2　再磨成米漿，將水分擠出，脫水成米團。

3　作法 2 米團取 150g，用沸水煮熟成母團，倒入剩餘米團裡，拌勻至軟硬適中。（圖 1）

4　取 1/3 加入適量紅色 6 號色素拌勻，搓成長條，分割 5~6g，再搓成圓形備用。（圖 2~6）

5　剩餘的原味湯圓米團(白色麵團)搓成長條，分割 5~6g，搓成圓形備用。

6　甜湯湯底：二砂糖放入鍋中，先加入 50g 的水煮出焦糖色且飄香，再加入剩下的水、桂圓肉煮沸，放涼備用。

7　組合：準備一鍋滾水，煮熟原味湯圓、紅色湯圓，撈起瀝乾。

8　加入冷卻的作法 6 甜湯湯底，完成。

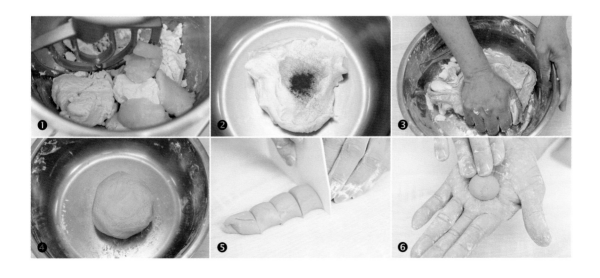

No.52

客家甜粄

材料

米團（分割 0g）	g
老圓糯米	1350
二砂糖	1000

其他	g
玻璃紙	1 張

作法

1 製作：老圓糯米洗淨泡水（配方外，水量需淹過米），浸泡 3 小時，撈起瀝乾水分。

2 再磨成米漿，將水分擠出，脫水成米團。

3 米團、二砂糖拌勻。模具鋪入玻璃紙，將米團放入模具內，放約八分滿。（圖 1~2）

4 熟製：放入預熱好的蒸籠，大火蒸 60 分鐘，用筷子快速攪拌米團，轉中火再蒸 60 分鐘。

5 過程中要隨時補沸水，不可讓鍋中無水乾蒸，接著再蒸 30 分鐘，完成放涼。（圖 3）

No.53

紅豆甜粄

材料

米團		g
老圓糯米		1350
紅豆		1000
二砂糖		1300

其他		g
玻璃紙		1 張

★ 一張可切 4 張

製作數量：6 吋 4 個

作法

1　製作：老圓糯米洗淨泡水（配方外，水量需淹過米），浸泡 3 小時，撈起瀝乾水分。

2　老圓糯米磨成米漿，將水分擠出，脫水成米團。

3　紅豆洗淨放入電鍋內鍋，加入適量水（配方外，水量需淹過紅豆），外鍋加入 3 杯水，煮至電鍋跳起再加 2 杯水，共蒸兩次，將紅豆蒸熟。

4　加入二砂糖拌勻撈起成蜜紅豆，冷藏一晚。

5　米團、蜜紅豆一同拌勻。模具鋪入玻璃紙，將米團放入模具內，放約八分滿。（圖 1~3）

6　熟製：放入預熱好的蒸籠，大火蒸 60 分鐘，用筷子快速攪拌米團，轉中火再蒸 60 分鐘。

7　過程中要隨時補沸水，不可讓鍋中無水乾蒸，接著再蒸 30 分鐘，完成放涼。

❶

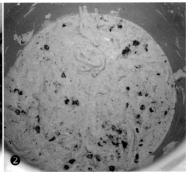
❷

❸

No.54

鹹甜粄

材料

製作數量：6 吋 3 個

米團

	g
老圓糯米	1350
二砂糖	600

餡料

	g
豬絞肉	500
泡開乾香菇（碎）	10 朵
蝦米	30
紅蔥頭（碎）	10 顆
沙拉油	5 大匙

調味料

	g
白胡椒粉	2 小匙
鹽	3 小匙
醬油	3 大匙

其他

	g
玻璃紙	1 張

作法

1　餡料：乾淨鍋子加入沙拉油熱油，加入豬絞肉爆香，加入泡開香菇碎、蝦米、紅蔥頭碎炒香，再加入調味料炒勻，放涼備用。

2　米團：老圓糯米洗淨泡水（配方外，水量需淹過米），浸泡 3 小時，撈起瀝乾水分。

3　老圓糯米磨成米漿，將水分擠出，脫水成米團。

4　組合：攪拌缸加入米團、二砂糖一同拌勻，加入餡料拌勻。（圖 1）

5　模具鋪入玻璃紙，將米團放入模具內，放約八分滿。（圖 2）

6　熟製：放入預熱好的蒸籠，大火蒸 60 分鐘，用筷子快速攪拌米團，轉中火再蒸 60 分鐘。過程中要隨時補沸水，不可讓鍋中無水乾蒸，完成放涼。（圖 3）

No.55

客家鹹粽

▶ 示範影片

材料

	g
新圓糯米	1350
菜脯	300
滷好瘦肉塊	300
沙拉油	適量
豆干（丁）	10 個
紅蔥頭（碎）	6 粒
香菇（片）	10 朵
蝦米	30g

調味料

	g
白胡椒粉	2 小匙
醬油	3 大匙
糖	1 匙
鹽	2 小匙

糯米醬汁

	g
紅蔥頭	6 粒
沙拉油	適量
白胡椒粉	2 小匙
醬油	3 大匙
二砂糖	1 匙
水	2 杯
鹽	2 小匙

其他

	g
粽葉	40 片
粽繩	20 條

作法

1　製作：乾淨鍋子加入菜脯，炒香備用。

2　乾淨鍋子加入沙拉油熱油，加入豆干丁炒香，放入紅蔥頭碎、香菇片、蝦米、菜脯，加入調味料炒香，成餡料。

3　新圓糯米洗淨泡水（配方外，水量需淹過米），浸泡 3 小時，撈起瀝乾水分，用蒸籠蒸熟。

4　糯米醬汁：乾淨鍋子加入沙拉油熱油，加入紅蔥頭爆香，與調味料拌炒均勻。

5　作法 3 煮熟的新圓糯米、作法 4 糯米醬汁一同拌勻。（圖 1~2）

6　組合：粽葉 2 葉交叉相疊，折成漏斗形，放入 1/3 糯米飯，放入作法 2 餡料、滷好瘦肉塊，再填入糯米飯，填至約九分滿。（圖 3~5）

7　沿著漏斗形折回，用棉線綁緊即可。（圖 6）

No.56

客家粄粽

材料

米團（分割 80g）	g
老圓糯米	1350
蓬萊米	1000
鹽	3 小匙

餡料（分割 40g）	g
沙拉油	適量
豆干（丁）	10 個
香菇（片）	6 朵
蝦米	30
紅蔥頭（碎）	6 粒
菜脯（碎）	300
滷好豬肉丁	300

調味料	g
白胡椒粉	2 小匙
醬油	3 大匙
二砂糖	1 匙
鹽	2 小匙

其他	g
香蕉葉	40 片
粽繩	40 條

作法

1　米團：老圓糯米、蓬萊米洗淨泡水（配方外，水量需淹過米），浸泡 3 小時，撈起瀝乾水分。

2　泡好的米加入水（配方外），磨成米漿，將水分擠出，脫水成米團。

3　作法 2 米團取 200g，用沸水煮熟成母團，倒入剩餘米團裡，加入鹽拌勻至軟硬適中，備用。（圖 1）

4　餡料：乾淨鍋子加入菜脯碎，炒香備用。

5　乾淨鍋子加入沙拉油熱油，加入豆干丁炒香，放入香菇片、蝦米、紅蔥頭碎、菜脯炒勻，加入調味料炒香。

6　組合：手沾適量沙拉油（幫助不黏手），米團分割80g，包入餡料 40g 收口整圓，抹上沙拉油（配方外）備用。（圖 2~3）

7　取 2 張香蕉葉交叉相疊，折成漏斗形，放入包好的米團、滷好豬肉丁，沿著漏斗形折回，用粽繩綁緊即可。（圖 4~6）

8　熟製：放入預熱好的蒸籠，大火蒸 10 分鐘，開鍋蓋讓蒸氣散出，再蓋上鍋蓋轉中火蒸 10 分鐘。

9　再次開鍋蓋讓蒸氣散出，再蒸 10 分鐘，完成。

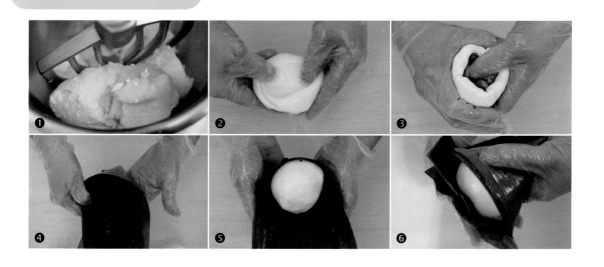

❶ ❷ ❸
❹ ❺ ❻

No.57

原味鹼粽

	g
老圓糯米	675
三偏磷酸鈉	1 瓶 (小)

其他	g
粽葉	80 片
粽繩	40 條

作法

1　製作：老圓糯米洗淨泡水（配方外，水量需淹過米），浸泡 2 小時，撈起瀝乾水分。

2　加入三偏磷酸鈉拌勻，靜置 20 分鐘。（圖 1~2）

3　取 2 張粽葉交叉相疊，折成漏斗形，放入作法 2 的米，放約八分滿，沿著漏斗形折回，用粽繩綁緊。（圖 3~6）

4　熟製：放入沸水裡煮 150 分鐘，期間要不停地加入熱水，不可讓鍋子乾掉。

No.58

紅豆鹼粽

材料

 製作數量：40 個

	g
老圓糯米	675
三偏磷酸鈉	1 瓶 (小)
紅豆	100

其他	g
粽葉	80 片
粽繩	40 條

作法

1 製作：紅豆洗淨，瀝乾水分。

2 老圓糯米洗淨泡水（配方外，水量需淹過米），浸泡 2 小時，撈起瀝乾水分。

3 加入三偏磷酸鈉、作法 1 洗淨紅豆拌勻，靜置 20 分鐘。（圖 1~3）

4 取 2 張粽葉交叉相疊，折成漏斗形，放入作法 3 食材，放約八分滿，沿著漏斗形折回，用粽繩綁緊。（圖 4~6）

5 熟製：放入沸水裡煮 150 分鐘，期間要不停地加入熱水，不可讓鍋子乾掉。

❶ ❷ ❸ ❹ ❺ ❻

No.59

紅麴米糕

材料

	g
圓糯米	675
紅麴米	100

調味料 | g
龍眼乾	120
白細砂糖	300
米酒	1 瓶

其他 | g
玻璃紙	1 張

製作數量：一盤

作法

1　圓糯米泡適量水（配方外），泡約 50 分鐘，撈起瀝乾水分。

2　龍眼乾、紅麴米、適量米酒（酒量淹過食材即可）一同浸泡 50 分鐘。

3　圓糯米、紅麴米、龍眼乾、剩餘米酒放入電鍋內鍋，外鍋放一杯半水，一同蒸熟。（圖 1~3）

4　食材煮熟後趁熱與白細砂糖拌勻。放入玻璃紙鋪平，倒入作法 4 材料，放涼成形。（圖 4~6）

5　回蒸 30 分鐘，放涼即可食用。

No.60

葡萄甜糯
米糕

材料

	g
圓糯米	675
葡萄乾	100

調味料	g
二砂糖	200
黑糖	200

其他	g
白芝麻	10

製作數量：一盤

作法

1　葡萄乾泡水（配方外，水量淹過食材即可），30 分鐘，撈起瀝乾水分。

2　圓糯米洗淨泡水（配方外，水量需淹過米），浸泡 2~3 小時，撈起瀝乾水分。再放入預熱好的蒸籠，大火蒸 40~50 分鐘。

3　鍋子加入蒸熟的圓糯米、葡萄乾、二砂糖、黑糖拌勻。（圖 1~3）

4　容器放入玻璃紙鋪平，倒入作法 3 材料。（圖 4）

5　再放入蒸籠回蒸 40 分鐘，撒上白芝麻壓平，放涼即可食用。（圖 5）

"
No.61
地瓜風味餅
"

材料

製作數量：12 顆

油皮（分割 18g）

	g
中筋麵粉	84
低筋麵粉	33
乳糖	10
無鹽奶油	45
冰無糖豆漿	50

油酥（分割 12g）

	g
低筋麵粉（過篩）	100
無鹽奶油	45

餡料（分割 30g）

	g
蒸熟芋頭番薯餡	300
無鹽奶油	30
全脂奶粉	30

作法

1 預爐：烤箱預爐上火 180℃ / 下火 160℃。

2 餡料：蒸熟芋頭番薯餡放涼，加入無鹽奶油、全脂奶粉拌勻，以細網過篩，分割 30g，搓圓。

3 油皮：所有材料一同放入攪拌缸，打至光滑成團。

4 表面用容器倒蓋，靜置鬆弛 15~20 分鐘，分割 18g，滾圓。

5 油酥：所有材料放上桌面，以切拌手法拌勻，分割 12g，滾圓。

6 整形：油皮包油酥，擀捲二次，鬆弛 20 分鐘。

7 酥油皮擀成圓片，包入餡料，收口確實包緊實，不能漏餡。（圖 1~3）

8 間距相等排入烤盤，放入直徑 8 公分圓模中，整形成圓扁形，用叉子戳洞。（圖 4~6）

9 烘烤：入爐，以上火 180℃ / 下火 160℃，烤焙 18 分鐘，翻面，續烤 6~8 分鐘，烤至餅皮邊緣酥硬即可。

★氣炸鍋無需預熱，可直接放入操作。

★氣炸鍋設定 170℃，直接放入烤焙 12 分鐘。出爐，將食材翻面，再烤 6~8 分鐘（視自家氣炸鍋火候判斷出爐）。

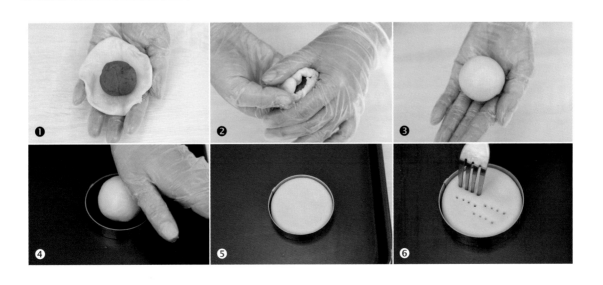

No.62

刺蝟
小月餅

材料

油皮（分割 15g）	g
高筋麵粉	52
富麗米榖粉	52
無鹽奶油	38
紅火龍果肉	45

油酥（分割 10g）	g
低筋麵粉（過篩）	85
無鹽奶油	35

餡料（分割 25g）	g
好茶園蜜香烏龍茶粉	32
低糖白豆沙餡	240
無鹽奶油	30

作法

1 預爐：烤箱設定上火 200℃／下火 180℃。

2 餡料：所有材料一同拌勻，每個分割 25g，搓圓。

3 油皮：所有材料一同放入攪拌缸，打至光滑成團。

4 表面用容器倒蓋，靜置鬆弛 15~20 分鐘，分割 15g，滾圓。

5 油酥：所有材料放上桌面，以切拌手法拌勻，分割 10g，滾圓。

6 整形：油皮包油酥，擀捲二次，鬆弛 20 分鐘。

7 酥油皮擀成圓片，包入餡料，收口確實包緊實，不能漏餡，剪刀從背部剪出刺蝟造型。（圖 1~6）

8 烘烤：間距相等放上烤盤，入爐，以上火 200℃／下火 180℃，烤 15 分鐘。調爐，續烤 10 分鐘，烤至餅皮邊緣酥硬即可。

★氣炸鍋設定 190℃，直接放入烤焙 15 分鐘。再轉 185℃，烤 7~9 分鐘（視自家氣炸鍋火候判斷出爐）。

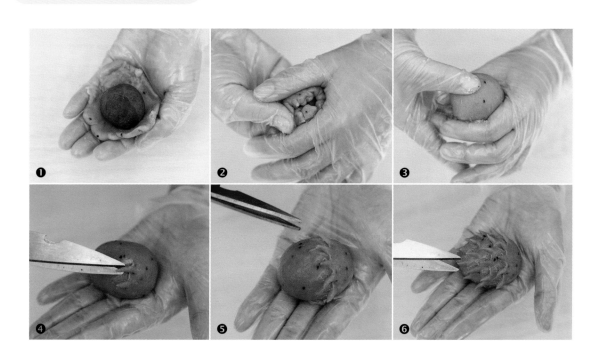

No.63

柚饗
小月餅

材料

製作數量：12 顆

油皮（分割 17g）

	g
高筋麵粉	55
富麗米穀粉	55
無鹽奶油	40
無糖豆漿	60

油酥（分割 12g）

	g
低筋麵粉（過篩）	105
無鹽奶油	45

餡料（分割 25g）

	g
東豐蘋果柚子醬	25
低糖白豆沙餡	250
無鹽奶油	25

裝飾

	g
★ 剩餘油皮	適量
蜜香紅茶粉	1

作法

1 預爐：烤箱設定上火 200℃ / 下火 180℃。

2 餡料：所有材料一同拌勻，每個分割 25g，搓圓。

3 油皮：所有材料一同放入攪拌缸，打至光滑成團。

4 表面用容器倒蓋，靜置鬆弛 15~20 分鐘，分割 17g，滾圓。

5 將剩餘的油皮揉入蜜香紅茶粉，揉製均勻，成細長條狀，切成小節成裝飾蒂頭。

6 油酥：所有材料放上桌面，以切拌手法拌勻，分割 12g，滾圓。

7 整形：油皮包油酥，擀捲二次，鬆弛 20 分鐘。

8 酥油皮擀成圓片，包入餡料，收口確實包緊實，不能漏餡。（圖 1~5）

9 作法 5 裝飾蒂頭抹少量水，貼合於月餅表面。（圖 6）

10 烘烤：間距相等放上烤盤，入爐，以上火 200℃ / 下火 180℃，烤 15 分鐘。調爐，續烤 10 分鐘，烤至餅皮邊緣酥硬即可。

★氣炸鍋設定 190℃，直接放入烤焙 15 分鐘。再轉 185℃，烤 5~7 分鐘（視自家氣炸鍋火候判斷出爐）。

兔寶酥

材料

油皮（分割 17g）

	g
高筋麵粉	55
富麗米穀粉	55
無鹽奶油	40
冰無糖豆漿	60

油酥（分割 12g）

	g
低筋麵粉（過篩）	105
無鹽奶油	45

餡料（分割 30g）

	g
百香果汁	20
低糖白豆沙餡	300
無鹽奶油	30
全脂奶粉	10

作法

1 預爐：烤箱設定上火 200℃ / 下火 180℃。

2 餡料：所有材料一同拌勻，每個分割 30g，搓圓。

3 油皮：所有材料一同放入攪拌缸，打至光滑成團。

4 表面用容器倒蓋，靜置鬆弛 15~20 分鐘，分割 17g，滾圓。

5 油酥：所有材料放上桌面，以切拌手法拌勻，分割 12g，滾圓。

6 整形：油皮包油酥，擀捲二次，鬆弛 20 分鐘。

7 酥油皮擀成圓片，包入餡料，收口確實包緊實，不能漏餡。（圖 1~3）

8 剪刀從背部修剪裝飾，修出兔子豎立著的耳朵。（圖 4~6）

9 烘烤：間距相等放上烤盤，入爐，以上火 200℃ / 下火 180℃，烤 15 分鐘。調爐，續烤 10 分鐘，烤至餅皮邊緣酥硬即可。

★氣炸鍋設定 190℃，烤焙 15 分鐘。再轉 185℃，烤 6~8 分鐘。

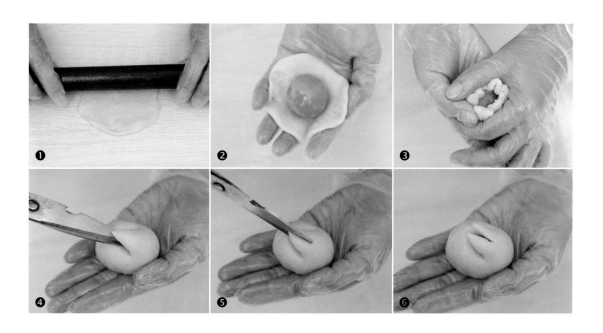

No.65

洄瀾小月餅

材料

油皮（分割 11g） g

中筋麵粉	35
低筋麵粉	35
無鹽奶油	25
無糖豆漿	38

油酥（分割 11g） g

低筋麵粉（過篩）	96
無鹽奶油	40

餡料（分割 15g） g

低糖小月餅餡	180

 製作數量：12 顆

作法

1　預爐：設定上火 160°C / 下火 180°C。

2　餡料：低糖小月餅餡分割 15g，搓圓。

3　油皮：所有材料一同放入攪拌缸，打至光滑成團。

4　表面用容器倒蓋，靜置鬆弛 30 分鐘，分割 11g，滾圓。

5　油酥：所有材料放上桌面，以切拌手法拌勻，分割 11g，滾圓。

6　整形：油皮包油酥，擀捲二次，鬆弛 20 分鐘。

7　酥油皮擀成圓片，包入餡料，收口確實包緊實，不能漏餡。（圖 1~6）

8　烘烤：間距相等放上烤盤，入爐，以上火 150°C / 下火 170°C，烤 15 分鐘。調爐，續烤 10 分鐘。
　★氣炸鍋設定 170°C，烤焙 15 分鐘。再轉 165°C，烤 7 分鐘。

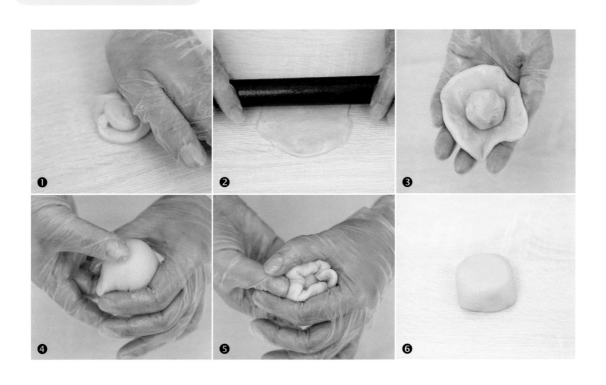

❶　❷　❸
❹　❺　❻

No.66
艾忘憂酥餅

材料

油皮（分割 25g）	g
中筋麵粉	150
甜菜根糖	25
無水奶油	45
冰豆漿	80
艾草粉	2

油酥（分割 17g）	g
低筋麵粉（過篩）	150
無水奶油	63

裝飾	g
帕瑪森起司粉	適量

餡料（分割 50g）	g
蒸熟綠豆沙	400
低糖白豆沙餡	100
豬後腿肉（絞粗目）	80
新鮮金針花	50
紅蔥酥	25
熟白芝麻	15
蒸熟燕麥	10
薑黃粉	10
低鈉醬油	8
細砂糖	2
白胡椒粉	適量

 製作數量：12 個

作法

1 預爐：烤箱設定上火 160°C / 下火 180°C。

2 餡料：不沾平底鍋加入適量橄欖油(配方外)，加入豬後腿肉炒至變白，加入新鮮金針花、紅蔥酥炒至水分收乾，再加入剩餘材料拌勻調味，放涼。

3 攪拌缸加入蒸熟綠豆沙、低糖白豆沙餡，倒入拌炒好金針花餡，使用漿狀攪拌器拌勻，分割 50g 搓圓，成忘憂豆沙餡備用。

4 油皮：所有材料一同放入攪拌缸，打至光滑成團。

5 表面用容器倒蓋，靜置鬆弛 30 分鐘，分割 25g，滾圓。

6 油酥：所有材料放上桌面，以切拌手法拌勻，分割 17g，滾圓。（圖 1~3）

7 整形：油皮包油酥，擀捲二次，鬆弛 20 分鐘。

8 酥油皮擀成圓片，包入餡料，收口確實包緊實，不能漏餡，朝下整形成圓形，表面撒適量帕瑪森起司粉裝飾。（圖 4~9）

9 烘烤：間距相等放上烤盤，入爐，以上火 160°C / 下火 180°C，先烤 20 分鐘轉頭再烤 15~20 分鐘。餅皮邊緣酥硬即可。

★ 氣炸鍋設定：170°C，烤焙約 18 分鐘，轉 165°C 再烤 12~15 分鐘（視自家氣炸鍋火候判斷出爐）。

No.67

棗好吉利

材料

油皮（分割 15g）

	g
中筋麵粉	88
海藻糖	20
無水奶油	32
冰無糖豆漿	50

油酥（分割 12g）

	g
低筋麵粉（過篩）	110
無水奶油	36

餡料（分割 25g）

	g
低糖白豆沙餡	250
金棗醬	10
去籽金棗果肉	50

裝飾

	g
蛋黃液	適量
葵瓜籽	適量

作法

1　預爐：設定上火 180°C／下火 200°C。

2　餡料：所有材料一同拌勻，每個分割 25g，搓圓。

3　油皮：所有材料一同放入攪拌缸，打至光滑成團。

4　表面用容器倒蓋，靜置鬆弛 20~30 分鐘，分割 15g，滾圓。

5　油酥：所有材料放上桌面，以切拌手法拌勻，分割 12g，滾圓。

6　整形：油皮包油酥，擀捲二次，鬆弛 20 分鐘。

7　酥油皮擀成圓片，包入餡料，收口確實包緊實，整形成橄欖形。（圖 1~4）

8　刷蛋黃液，放上葵瓜籽裝飾。（圖 5~6）

9　烘烤：入爐，以上火 180°C／下火 200°C，烤 20 分鐘。轉向，再續烤 5~10 分鐘，烤至餅皮邊緣酥硬即可。

★ 氣炸鍋設定：180°C，烤焙約 22~24 分鐘（視自家氣炸鍋火候判斷出爐）。

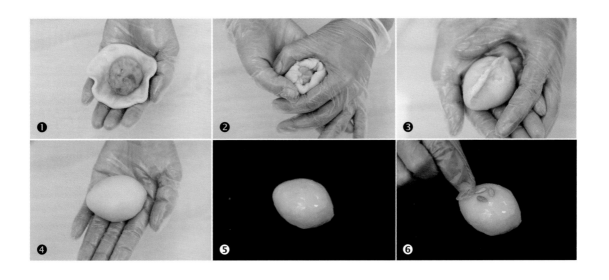

❶ ❷ ❸ ❹ ❺ ❻

No.68

養生山藥餅

材料

油皮（分割 18g）	g
中筋麵粉	105
海藻糖	22
無水奶油	40
冰無糖豆漿	58

油酥（分割 12g）	g
低筋麵粉（過篩）	88
無水奶油	37

餡料（分割 45g）	g
蒸熟山藥餡	350
蒸熟紅棗（去籽）	20
蒸熟枸杞	15
蒸熟三色藜麥	15
蒸熟小米	15
發酵奶油	50

裝飾	g
蛋黃液	適量
新鮮枸杞	適量

作法

1　預爐：烤箱設定上火 170℃ / 下火 190℃。

2　餡料：將蒸熟山藥餡、紅棗、枸杞、三色藜麥、小米，拌入發酵奶油，翻炒至水分收乾，放涼，分割 45g 搓圓。

3　油皮：所有材料一同放入攪拌缸，打至光滑成團。

4　表面用容器倒蓋，靜置鬆弛 20~30 分鐘，分割 18g，滾圓。

5　油酥：所有材料放上桌面，以切拌手法拌勻，分割 12g，滾圓。

6　整形：油皮包油酥，擀捲二次，鬆弛 20 分鐘。

7　酥油皮擀成圓片，包入餡料，收口確實包緊實，整形成直徑 8 公分之扁圓形，收口朝下，間距相等放上烤盤。（圖 1~4）

8　刷蛋黃液，表面再放新鮮枸杞。（圖 5~6）

9　烘烤：入爐，以上火 170℃ / 下火 190℃，烤 15 分鐘。轉向，再續烤 10~15 分鐘，烤至餅皮邊緣酥硬即可。

★ 氣炸鍋設定：170℃，烤焙約 24~26 分鐘（視自家氣炸鍋火候判斷出爐）。

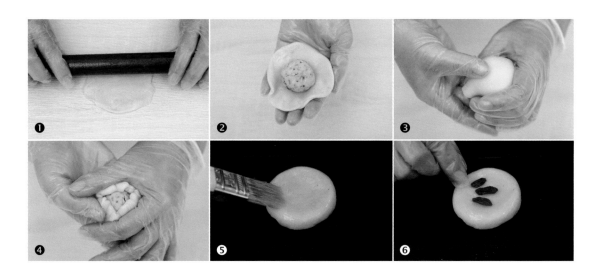

❶　❷　❸　❹　❺　❻

No.69

桂花茶香酥

材料

油皮（分割 17g）　ⓖ

	g
中筋麵粉	108
無水奶油	40
冰無糖豆漿	60
乾燥桂花瓣	1

油酥（分割 12g）　ⓖ

	g
低筋麵粉（過篩）	105
無水奶油	42

餡料（分割 25g）　ⓖ

	g
低糖白豆沙餡	260
桂花釀	35
乾燥桂花瓣	5

作法

1　預爐：設定上火 180°C / 下火 200°C。

2　餡料：所有材料一同拌勻，每個分割 25g，搓圓。

3　油皮：所有材料一同放入攪拌缸，打至光滑成團。

4　表面用容器倒蓋，靜置鬆弛 20~30 分鐘，分割 17g，滾圓。

5　油酥：所有材料放上桌面，以切拌手法拌勻，分割 12g，滾圓。

6　整形：油皮包油酥，擀捲二次，鬆弛 20 分鐘。

7　酥油皮擀成圓片，包入餡料，收口確實包緊實，收口朝下間距相等放上烤盤。（圖 1~6）

8　烘烤：入爐，以上火 180°C / 下火 200°C，烤 18 分鐘。轉向，再續烤 10~15 分鐘，烤至餅皮邊緣酥硬即可。
　★ 氣炸鍋設定：180°C，烤焙約 23~25 分鐘（視自家氣炸鍋火候判斷出爐）。

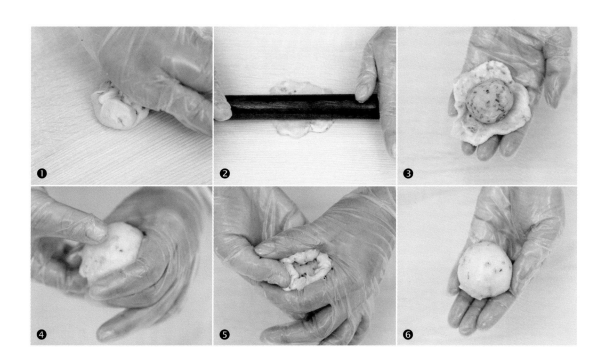

No.70

好茶園烏龍茶香酥

材料

製作數量：12 個

油皮（分割 18g） ⓖ

	g
中筋麵粉	105
稀少糖	22
無水奶油	38
冰無糖豆漿	57
好茶園烏龍茶粉	2

油酥（分割 12g） ⓖ

	g
低筋麵粉（過篩）	105
無水奶油	40

餡料（分割 25g） ⓖ

	g
低糖白豆沙餡	275
好茶園烏龍茶粉	30

裝飾 ⓖ

	g
蛋黃液	適量
核桃	適量

作法

1　預爐：烤箱設定上火 180℃ / 下火 200℃。

2　餡料：所有材料一同拌勻，每個分割 25g，搓圓。

3　油皮：所有材料一同放入攪拌缸，打至光滑成團。

4　表面用容器倒蓋，靜置鬆弛 20~30 分鐘，分割 18g，滾圓。

5　油酥：所有材料放上桌面，以切拌手法拌勻，分割 12g，滾圓。

6　整形：油皮包油酥，擀捲二次，鬆弛 20 分鐘。

7　酥油皮擀成圓片，包入餡料，收口確實包緊實，收口朝下間距相等放上烤盤。（圖 1~3）

8　烘烤：入爐，以上火 180℃ / 下火 200℃，烤 20 分鐘。轉向，再續烤 8~12 分鐘，出爐前 5 分鐘刷蛋黃液，再放核桃入爐烤焙至餅皮邊緣酥硬即可。（圖 4~6）

　★ 氣炸鍋設定：175℃，直接放入烤焙 23~25 分鐘（視自家氣炸鍋火候判斷出爐），出爐前 3 分鐘刷蛋液再入爐烤焙。

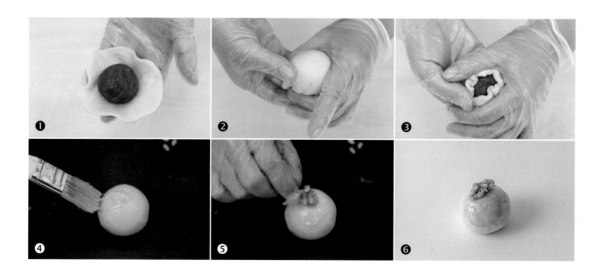

好茶園蜜香
紅茶酥

材料

油皮（分割 18g）

	g
中筋麵粉	105
稀少糖	22
無水奶油	38
冰無糖豆漿	57
好茶園蜜香紅茶粉	2

油酥（分割 12g）

	g
低筋麵粉（過篩）	105
無水奶油	40

餡料（分割 25g）

	g
低糖白豆沙餡	275
好茶園蜜香紅茶粉	25

裝飾

	g
杏仁角	適量

製作數量：12 顆

作法

1. 預爐：設定上火 180°C / 下火 200°C。

2. 餡料：所有材料一同拌勻，每個分割 25g，搓圓。

3. 油皮：所有材料一同放入攪拌缸，打至光滑成團。

4. 表面用容器倒蓋，靜置鬆弛 20~30 分鐘，分割 18g，滾圓。

5. 油酥：所有材料放上桌面，以切拌手法拌勻，分割 12g，滾圓。

6. 整形：油皮包油酥，擀捲二次，鬆弛 20 分鐘。

7. 酥油皮擀成圓片，包入餡料，收口確實包緊實，收口朝下間距相等放上烤盤。（圖 1~5）

8. 放上杏仁角裝飾。（圖 6）

9. 烘烤：入爐，以上火 180°C / 下火 200°C，烤 20 分鐘。轉向，再續烤 8~12 分鐘，烤至餅皮邊緣酥硬即可。

   ★ 氣炸鍋設定：180°C，直接放入烤焙 24~26 分鐘（視自家氣炸鍋火候判斷出爐）。

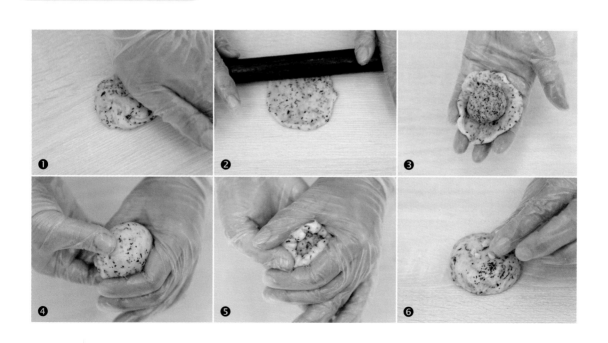

No.72

包種茶酥

材料

油皮（分割 18g）	g
中筋麵粉	105
赤藻醣醇	22
無水奶油	38
冰豆漿	57

油酥（分割 12g）	g
低筋麵粉（過篩）	105
無水奶油	40

餡料（分割 25g）	g
低糖白豆沙餡	275
包種茶葉粉	28

裝飾	g
蛋黃液	適量
生夏威夷豆	適量

作法

1 預爐：烤箱設定上火 180°C / 下火 200°C。

2 餡料：所有材料一同拌勻，每個分割 25g，搓圓。

3 油皮：所有材料一同放入攪拌缸，打至光滑成團。

4 表面用容器倒蓋，靜置鬆弛 20~30 分鐘，分割 18g，滾圓。

5 油酥：所有材料放上桌面，以切拌手法拌勻，分割 12g，滾圓。

6 整形：油皮包油酥，擀捲二次，鬆弛 20 分鐘。

7 酥油皮擀成圓片，包入餡料，收口確實包緊實，收口朝下間距相等放上烤盤。（圖 1~4）

8 刷蛋黃液，放上夏威夷豆裝飾。（圖 5）

9 烘烤：入爐，以上火 180°C / 下火 200°C，烤 20 分鐘。轉向，再續烤 8~12 分鐘，烤至餅皮邊緣酥硬即可。（圖 6）
   ★ 氣炸鍋設定：180°C，直接放入烤焙 23~25 分鐘（視自家氣炸鍋火候判斷出爐）。

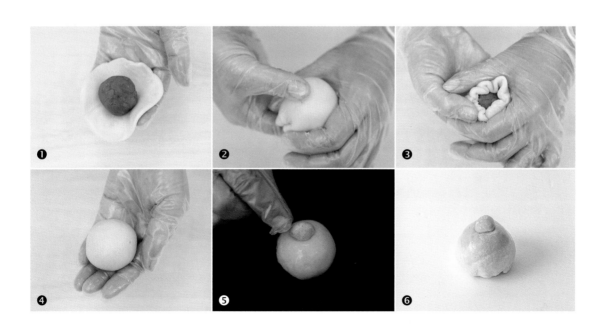

❶ ❷ ❸ ❹ ❺ ❻

No.73

鐵觀音茶酥

材料

油皮（分割 18g）	g
中筋麵粉	105
赤藻醣醇	20
無水奶油	38
冰無糖豆漿	57

油酥（分割 12g）	g
低筋麵粉（過篩）	105
無水奶油	40

餡料（分割 25g）	g
低糖白豆沙餡	275
鐵觀音茶葉粉	33

裝飾	g
蛋黃液	適量
杏仁片	適量

作法

1 預爐：烤箱設定上火 185℃ / 下火 195℃。

2 餡料：所有材料一同拌勻，每個分割 25g，搓圓。

3 油皮：所有材料一同放入攪拌缸，打至光滑成團。

4 表面用容器倒蓋，靜置鬆弛 20~30 分鐘，分割 18g，滾圓。

5 油酥：所有材料放上桌面，以切拌手法拌勻，分割 12g，滾圓。

6 整形：油皮包油酥，擀捲二次，鬆弛 20 分鐘。

7 酥油皮擀成圓片，包入餡料，收口確實包緊實，收口朝下間距相等放上烤盤。（圖 1~3）

8 出爐前 15 分鐘刷蛋黃液，放上杏仁片裝飾。（圖 4~5）

9 烘烤：入爐，以上火 185℃ / 下火 195℃，烤 20 分鐘。轉向，再續烤 8~12 分鐘，烤至餅皮邊緣酥硬即可。（圖 6）
★ 氣炸鍋設定 180℃，烤焙 24~26 分鐘（視自家氣炸鍋火候判斷出爐）。

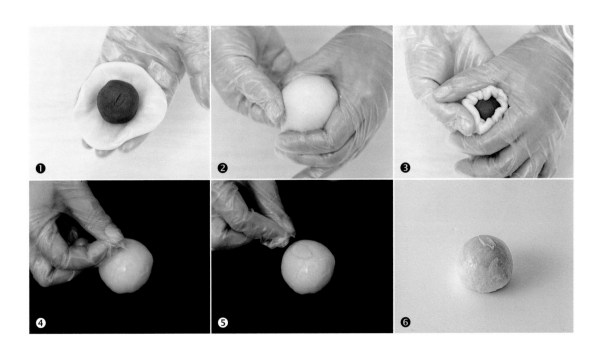

❶ ❷ ❸ ❹ ❺ ❻

No.74

客家擂茶酥

材料

 製作數量：12 顆

油皮（分割 18g） g

中筋麵粉	105
稀少糖	22
無水奶油	38
冰無糖豆漿	57

油酥（分割 12g） g

低筋麵粉（過篩）	105
無水奶油	40

餡料（分割 30g） g

低糖白豆沙餡	300
客家擂茶粉	35
烤熟杏仁片	15
烤熟白芝麻	10

裝飾 g

蛋黃液	適量
花生碎	適量

作法

1　預爐：烤箱設定上火 175℃ / 下火 195℃。

2　餡料：所有材料一同拌勻，每個分割 30g，搓圓。

3　油皮：所有材料一同放入攪拌缸，打至光滑成團。

4　表面用容器倒蓋，靜置鬆弛 20~30 分鐘，分割 18g，滾圓。

5　油酥：所有材料放上桌面，以切拌手法拌勻，分割 12g，滾圓。

6　整形：油皮包油酥，擀捲二次，鬆弛 20 分鐘。

7　酥油皮擀開，包入餡料，收口確實包緊實，收口朝下間距相等放上烤盤，適度整形成橄欖形。（圖 1~4）

8　刷蛋黃液，放上花生碎裝飾。（圖 5~6）

9　烘烤：入爐，以上火 175℃ / 下火 195℃，烤 20 分鐘。轉向，再續烤 7~11 分鐘，烤至餅皮邊緣酥硬即可。
　　★ 氣炸鍋設定：180℃，直接放入烤焙 24~26 分鐘（視自家氣炸鍋火候判斷出爐）。

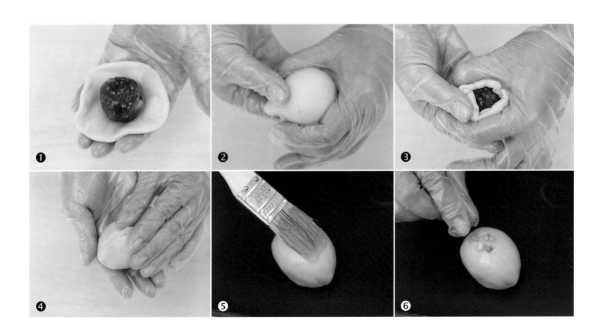

❶　❷　❸　❹　❺　❻

材料

廣式油皮（分割 18g） Ⓖ

低筋麵粉	110
富麗米穀粉	20
中式轉化糖漿	70
花生油	25
鹽	1
冰水	3
食用小蘇打粉	1

餡料（分割 30g） Ⓖ

低糖白豆沙餡	300
市售 XO 干貝醬	40
烤熟白芝麻	20

裝飾 Ⓖ

蛋黃液	適量

作法

1　預爐：設定上火 220℃ / 下火 195℃。

2　餡料：所有材料一同拌勻，每個分割 30g，搓圓。

3　廣式油皮：所有材料一同放入攪拌缸，打至光滑成團。

4　表面用布或袋子蓋著，冷藏鬆弛 30 分鐘，分割 18g，滾圓。

5　整形：手沾適量手粉（高筋麵粉），廣式油皮擀成圓片，包入餡料，收口確實包緊實。（圖 1~3）

6　放入月餅模型中壓出紋路，倒扣脫模，用刷子刷掉多餘手粉。（圖 4~6）

7　烘烤：間距相等放上烤盤，入爐，以上火 220℃ / 下火 195℃，烤 5~7 分鐘。

8　表面上色後，刷兩次蛋黃液，再續烤 5~6 分鐘，完成。

★ 氣炸鍋設定：200℃，直接放入烤焙 6 分鐘上色，表面刷蛋液待乾燥，再調 190℃ 烤焙 4~6 分鐘（視自家氣炸鍋火候判斷出爐）。

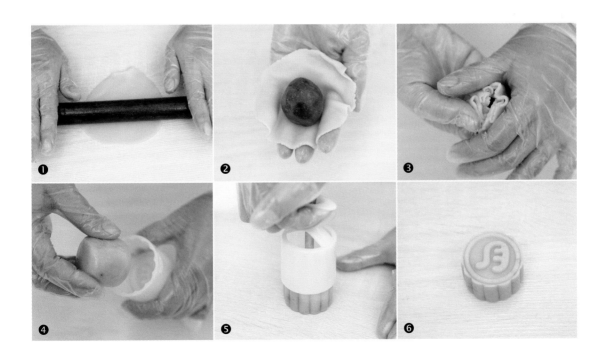

❶　❷　❸　❹　❺　❻

材料

廣式油皮（分割 18g） g

低筋麵粉	110
富麗米穀粉	20
中式轉化糖漿	70
花生油	25
鹽	1
冰水	3
食用小蘇打粉	1

餡料（分割 30g） g

低糖白豆沙餡	300
新鮮菜脯絲	30
油蔥酥	10
泡開乾香菇（絲）	3 朵
白芝麻	10
白胡椒粉	適量

裝飾 g

蛋黃液	適量

 製作數量：12 顆

作法

1　預爐：烤箱設定上火 220℃ / 下火 195℃。

2　餡料：不沾鍋倒入橄欖油（配方外）熱油，加入新鮮菜脯絲、油蔥酥、泡開乾香菇絲、白芝麻、白胡椒粉炒至收乾。加入低糖白豆沙餡拌勻，放涼，分割 30g 搓圓。

3　廣式油皮：所有材料一同放入攪拌缸，打至光滑成團。

4　表面用布或袋子蓋著，冷藏鬆弛 30 分鐘，分割 18g，滾圓。

5　整形：手沾適量手粉（高筋麵粉），廣式油皮擀成圓片，包入餡料，收口確實包緊實。（圖 1~3）

6　放入月餅模型中壓出紋路，倒扣脫模，用刷子刷掉多餘手粉。（圖 4~5）

7　烘烤：間距相等放上烤盤，入爐，以上火 220℃ / 下火 195℃，烤 5~7 分鐘。

8　表面上色後，刷兩次蛋黃液，再續烤 5~6 分鐘，完成。（圖 6）

★ 氣炸鍋設定：200℃，直接放入烤焙 6 分鐘上色，表面刷蛋液待乾燥，再調 190℃ 烤焙 4~6 分鐘（視自家氣炸鍋火候判斷出爐）。

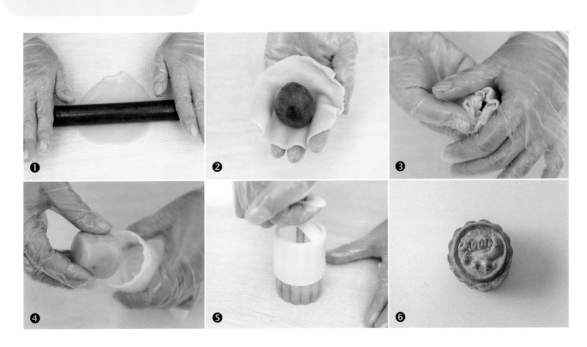

No.77
綜合茶香
堅果餅

材料

廣式油皮（分割 18g） g

低筋麵粉	110
富麗米穀粉	20
中式轉化糖漿	70
花生油	25
鹽	1
冰水	3
食用小蘇打粉	1

餡料（分割 30g） g

低糖白豆沙餡	300
綜合堅果（碎）	50
蜜香紅茶茶粉	10

裝飾 g

蛋黃液	適量

 製作數量：12 顆

作法

1　預爐：設定上火 220℃ / 下火 190℃。

2　餡料：所有材料一同拌勻，每個分割 30g，搓圓。

3　廣式油皮：所有材料一同放入攪拌缸，打至光滑成團。

4　表面用布或袋子蓋著，冷藏鬆弛 30 分鐘，分割 18g，滾圓。

5　整形：手沾適量手粉（高筋麵粉），廣式油皮擀成圓片，包入餡料，收口確實包緊實。（圖 1~3）

6　放入月餅模型中壓出紋路，倒扣脫模，用刷子刷掉多餘手粉。（圖 4~6）

7　烘烤：間距相等放上烤盤，入爐，以上火 220℃ / 下火 190℃，烤 5~7 分鐘。

8　表面上色後，刷兩次蛋黃液，再續烤 5~6 分鐘，完成。

★ 氣炸鍋設定：200℃，直接放入烤焙 6 分鐘上色，表面刷蛋液待乾燥，再調 190℃ 烤焙 4~6 分鐘（視自家氣炸鍋火候判斷出爐）。

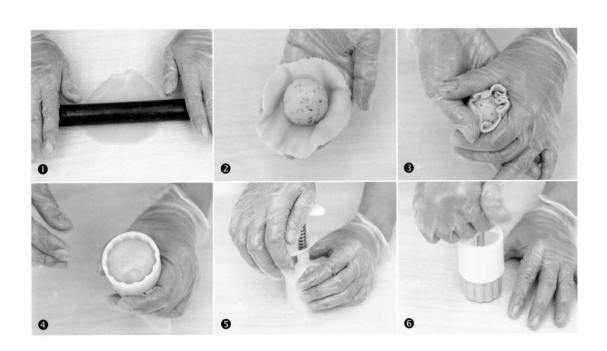

No.78
苔彩頭香酥

材料

製作數量：12 顆

油皮（分割 22g）	g
中筋麵粉	158
鹽	1
冰水	88
豬油	32

裝飾	g
蛋黃液	適量
白芝麻	適量
海苔粉	適量

油酥（分割 11g）	g
低筋麵粉（過篩）	96
豬油	42

餡料（分割 30g）	g
白蘿蔔絲	350
鹽	3
橄欖油	適量
豬後腿肉（絞粗目）	120
泡開乾香菇（絲）	3 朵
油蔥酥	40
香油	15
二砂糖	5
黑胡椒粒（馬告）	2
白芝麻	8
黑芝麻	8
奇亞籽	10
蒸熟三色藜麥	10
蒸熟小米	10

作法

1　預爐：設定上火 200℃ / 下火 180℃。

2　餡料：白蘿蔔絲、鹽拌勻，出水後將水擠乾。

3　不沾鍋倒入橄欖油熱鍋，加入豬後腿肉、作法 2 白蘿蔔絲，拌炒至蘿蔔絲水分收乾。

4　加入泡開乾香菇絲、油蔥酥、香油、二砂糖、黑胡椒粒、白芝麻、黑芝麻、奇亞籽、蒸熟三色藜麥、蒸熟小米拌炒均勻，放涼備用。

5　油皮：所有材料一同放入攪拌缸，打至光滑成團。

6　表面用容器倒蓋，靜置鬆弛 20~30 分鐘，分割 22g，滾圓。

7　油酥：所有材料放上桌面，以切拌手法拌勻，分割 11g，滾圓。

8　整形：油皮包油酥，擀捲二次，鬆弛 20 分鐘。

9　酥油皮擀成圓片，包入 30g 餡料，收口確實包緊實，收口朝下間距相等放上烤盤。（圖 1~3）

10　刷蛋黃液，撒白芝麻、海苔粉裝飾。

11　烘烤：入爐，以上火 200℃ / 下火 180℃，烤 15 分鐘。轉向，再續烤 8~12 分鐘，烤至餅皮邊緣酥硬即可。

★ 氣炸鍋設定：180℃，直接放入烤焙 24~26 分鐘（視自家氣炸鍋火候判斷出爐）。

 ❶
 ❷
 ❸

材料

製作數量：約 250g

	g
蛋黃（約 1 顆）	30
乳糖	30

	g
葛鬱金粉（過篩）	115
富麗米穀粉（過篩）	45
全脂奶粉（過篩）	30
無糖豆漿（調整濕度）	45

作法

1　預爐：烤箱設定上火 170℃ / 下火 170℃。

2　製作：乾淨鋼盆加入蛋黃、乳糖，用手動打蛋器中速打至泛白，約 2~3 分鐘。

3　加入全脂奶粉拌勻，分 2~3 次加入葛鬱金粉、富麗米穀粉拌勻成團。（圖 1）

　★因為蛋黃大小不同，葛鬱金粉需酌量添加，混合起來太乾適量加無糖豆漿，調整濕度太濕軟可以再補一點葛鬱金粉，調整至成團且不黏手狀態即可。

4　麵團搓約直徑 1 公分條狀，再量 1 公分切斷，搓圓，間距相等排入烤盤中。（圖 2~5）

5　烘烤：入爐，以上火 170℃ / 下火 170℃，烤 12~15 分鐘，烤至表面微微上色。（圖 6）

　★ 氣炸鍋設定：155℃，烤焙約 10~12 分鐘（視自家氣炸鍋火候判斷出爐）。

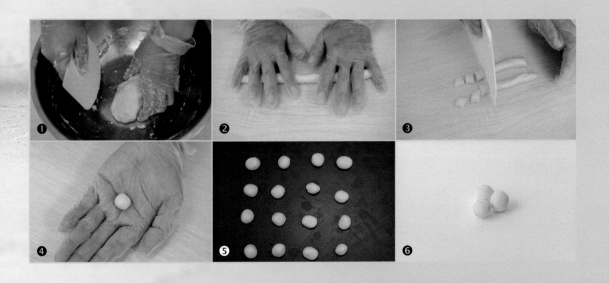

❶　❷　❸　❹　❺　❻

幸運籤筒

材料

	g
無鹽奶油	40
紅糖（過篩）	50
堅果穀粉（過篩）	100
富麗米穀粉（過篩）	200
香草籽醬	2
冰無糖豆漿	75
全蛋	2 顆

製作數量： 約 20x20 公分烤盤 1 盤

作法

1　預爐：設定上火 175℃ / 下火 175℃。

2　製作：乾淨鋼盆加入無鹽奶油、紅糖，用手動打蛋器中速打至略發（成絨毛狀）。（圖 1~2）

3　加入堅果穀粉、富麗米穀粉拌勻，加入香草籽醬、冰無糖豆漿、全蛋拌勻。（圖 3~6）

4　以擀麵棍擀出烤焙厚度，放入塑膠袋，冷凍 1 小時。（圖 7~8）

5　米麵團冰硬一些，切長條，間距相等排入不沾烤盤中。（圖 9）

6　烘烤：入爐，以上火 175℃ / 下火 175℃，烤 14 分鐘，調頭，再續烤 10~14 分鐘，放涼完成。

★ 氣炸鍋設定：160℃，直接放入烤焙 16~18 分鐘（視自家氣炸鍋火候判斷出爐）。

No.81
米香小泡芙

材料

	g
無糖豆漿	75
鹽	1
無鹽奶油	35
富麗米穀粉（過篩）	60
全蛋（約 1 顆）	90

裝飾

	g
糖粉	適量

作法

1　預爐：烤箱預爐上火 200℃ / 下火 210℃。

2　製作：乾淨鍋子加入無糖豆漿、鹽、無鹽奶油，中火攪拌煮沸。

3　關火，加入富麗米穀粉拌勻，放涼至溫度達 40~50℃。（圖 1）

4　分次加入全蛋拌勻，裝入擠花袋。（圖 2~3）

5　擠出適當大小，表面噴水。

6　烘烤：入爐，以上火 200℃ / 下火 210℃，烤焙 30~35 分鐘。

★氣炸鍋設定 180℃，直接放入烤焙 22~24 分鐘，烘至表面金黃。視自家氣炸鍋火候判斷出爐）。

7　出爐冷卻，篩適量糖粉裝飾。

8　內餡依個人喜好煮餡填充。

❶ ❷ ❸ ❹ ❺ ❻

No.82
低卡相思雪
白蛋糕

材料

蛋糕模（260g）	g
冷藏蛋白	205
新鮮檸檬汁	4
鹽	1
赤藻醣醇	110
無糖豆漿	110
富麗米穀粉	95
香草醬	1
低糖紅豆粒（或低糖八寶豆）	適量

製作數量：6 吋 2 顆

作法

1　預爐：設定上火 180°C / 下火 160°C。

2　製作：乾淨鋼盆加入無糖豆漿、富麗米穀粉、香草醬拌勻。（圖 1）

3　乾淨攪拌缸加入蛋白，用球狀攪拌器高速打至起泡，加入新鮮檸檬汁。

4　鹽、赤藻醣醇混合均勻，分兩次倒入作法 3，轉中速打至濕性發泡狀態，成蛋白霜。（圖 2）

5　取 1/3 倒入作法 2，輕柔地翻拌均勻，再倒入剩餘的蛋白霜中拌勻。（圖 3）

6　白報紙裁切適當大小，鋪入模具底部，再鋪上適量熟低糖紅豆粒（或其他喜愛的豆類產品）。（圖 4）

7　倒入作法 5 食材，表面用刮刀抹平，輕敲一下，震出麵糊中的空氣（不可太大力，避免蛋白消泡）。（圖 5）

8　烘烤：以上火 150°C / 下火 100°C，烤 25 分鐘，調頭續烤 5 分鐘。

9　出爐放涼，脫模後完成。（圖 6）

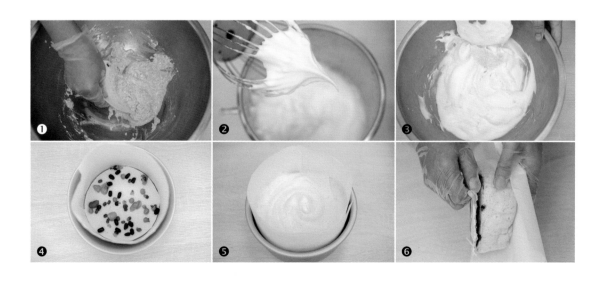

❶　❷　❸
❹　❺　❻

"

No.83

相思茶
米湯會

"

材料

	g
冷藏蛋白	325
新鮮檸檬汁	3
鹽	1
赤藻醣醇	140
富麗米穀粉（過篩）	160
好茶園蜜香紅茶粉 （過篩）	3
蛋黃	160
無糖豆漿	65
橄欖油	80

夾層餡料	g
蜜紅豆粒	300
動物性鮮奶油	300

製作數量：一份

作法

1　預爐：設定上火 200℃ / 下火 100℃。

2　準備：白報紙裁切適當大小，鋪入烤盤備用。

3　製作：乾淨鋼盆加入蛋黃、無糖豆漿、橄欖油，用手持攪拌器中速打發。

4　打發至顏色泛白後，加入好茶園蜜香紅茶粉拌勻，加入富麗米穀粉拌勻至無顆粒，成蛋黃糊。（圖 1）

5　乾淨攪拌缸加入冷藏蛋白，用球狀攪拌器高速打至起泡，加入新鮮檸檬汁。

6　鹽、赤藻醣醇混合均勻。分兩次倒入作法 5，轉中速打至濕性發泡狀態，成蛋白霜。（圖 2）

7　取 1/3 倒入作法 4 蛋黃糊，輕柔地翻拌均勻，再倒入剩餘的蛋白霜中拌勻。（圖 3）

8　倒入鋪上白報紙的烤盤，表面用刮刀抹平，輕敲一下，震出麵糊中的空氣（不可太大力，避免蛋白消泡）。（圖 4）

9　烘烤：入爐，以上火 200℃ / 下火 100℃，烤 25 分鐘，出爐放涼，對切。

10　夾層餡料：乾淨鋼盆加入動物性鮮奶油，高速打至七分發，備用。

11　組合：蛋糕體抹適量打發鮮奶油，鋪上蜜紅豆粒，放上另一塊蛋糕體，切適當大小完成。（圖 5~6）

No.84
鈣粉嫩豆腐
白蛋糕

材料

	g
板豆腐泥	90
冷藏蛋白（A）	75
無糖豆漿	75
橄欖油	75
富麗米穀粉（過篩）	150
冷藏蛋白（B）	300
赤藻醣醇	150
鹽	1
新鮮檸檬汁	4

鋪料

	g
帕瑪森起司粉	適量
肉鬆	適量
白芝麻	適量

製作數量：一份

作法

1 預爐：設定上火 180°C / 下火 160°C。

2 準備：白報紙裁切適當大小，鋪入烤盤備用。板豆腐壓成泥或過篩，擠乾水分，秤出配方量。

3 製作：乾淨鋼盆加入板豆腐泥、冷藏蛋白（A）、無糖豆漿、橄欖油拌勻。

4 加入富麗米穀粉拌至無顆粒，備用。（圖 1）

5 乾淨攪拌缸加入冷藏蛋白（B），用球狀攪拌器高速打至起泡，加入新鮮檸檬汁。

6 鹽、赤藻醣醇混合均勻。分兩次倒入作法 5，轉中速打至濕性發泡狀態，成蛋白霜。（圖 2）

7 取 1/3 倒入作法 4，輕柔地翻拌均勻，再倒入剩餘蛋白霜中拌勻。（圖 3）

8 倒入鋪上白報紙的烤盤，表面用刮刀抹平，輕敲一下，震出麵糊中的空氣（不可太大力，避免蛋白消泡）。（圖 4）

9 撒帕瑪森起司粉、肉鬆、白芝麻，烤盤底部再套一個烤盤。（圖 5）

10 烘烤：入爐，以上火 180°C / 下火 150°C，隔水烤焙 22 分鐘，出爐放涼，切片。（圖 6）

No.85
蜜香茶
風味酥

材料

米粉團（分割 22g） g

無鹽奶油	85
甜菜根糖	15
富麗米穀粉（過篩）	120
全脂奶粉（過篩）	10
好茶園蜜香紅茶粉（過篩）	2
全蛋	40

餡料（分割 12g） g

富興土鳳梨餡	125
好茶園蜜香紅茶粉	25

作法

1　預爐：設定上火 200°C / 下火 200°C。

2　餡料：所有材料一同拌勻，每個分割 12g，搓圓。

3　製作：乾淨鋼盆加入無鹽奶油、甜菜根糖，用手持攪拌器中速打發，打至呈乳白色羽絨狀。

4　加入富麗米穀粉、奶粉拌至無顆粒，加入好茶園蜜香紅茶粉拌勻。（圖 1~2）

5　加入全蛋拌勻，分割 22g，滾圓。

6　輕輕拍開麵團，包入餡料收口，收口確實包緊實，不能漏餡。（圖 3~4）

7　放入造型模具中塑型，米麵團連同模具，間距相等放入不沾烤盤中。（圖 5~6）

8　烘烤：入爐，以上火 200°C / 下火 200°C，烤 10 分鐘，翻面再烤 5 分鐘。

9　再翻面，續烤 5 分鐘，放涼，冷卻後脫模完成。

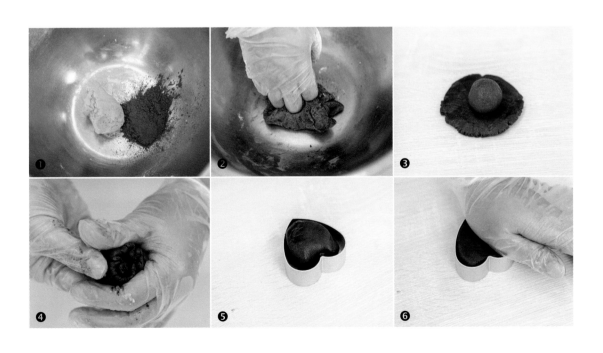

"

No.86

洛神花果
風味磚

"

材料

（分割 18g）	g
無鹽奶油	80
海藻糖	15
富麗米穀粉（過篩）	115
全脂奶粉（過篩）	10
全蛋	30

餡料（分割 12g）	g
富興土鳳梨餡	140
洛神果醬	8
醃製洛神花瓣	10 朵

製作數量：12 顆

作法

1　預爐：設定上火 200°C / 下火 200°C。

2　餡料：所有材料一同拌勻，每個分割 12g，搓圓。

3　製作：乾淨鋼盆加入無鹽奶油、ㄏ海藻糖，用手持攪拌器中速打發，打至呈乳白色羽絨狀。

4　加入富麗米穀粉、奶粉拌至無顆粒，加入全蛋拌勻，分割 18g，滾圓。

5　輕輕拍開米粉團，包入餡料收口，收口確實包緊實，不能漏餡。（圖 1~4）

6　放入造型模具中塑型，米粉團連同模具，間距相等放入不沾烤盤中。（圖 5~6）

7　烘烤：入爐，以上火 200°C / 下火 200°C，烤 10 分鐘，翻面再烤 5 分鐘。

8　再翻面，續烤 5 分鐘，放涼，冷卻後脫模完成。

> No.87
> 茶饗分界

材料

米麵團（分割 10g） g

發酵奶油	108
乳糖	24
富麗米穀粉（過篩）	158
全脂奶粉（過篩）	14
全蛋	35

餡料（分割 8g） g

富興土鳳梨餡	240
好茶園烏龍茶粉	20

作法

1　預爐：設定上火 190˚C / 下火 190˚C。

2　餡料：所有材料一同拌勻，每個分割 8g，搓圓。

3　製作：乾淨鋼盆加入發酵奶油、乳糖，用手持攪拌器中速打發，打至呈乳白色羽絨狀。（圖 1）

4　加入富麗米穀粉、奶粉拌至無顆粒，加入全蛋拌勻。（圖 2~4）

5　放上揉麵板，用壓拌方式壓拌均勻，大約壓拌 5~7 次。

6　放入倒扣鋼盆內，冷藏 30 分鐘，分割米團 10g，滾圓。

7　輕輕拍開麵團，包入餡料收口，收口確實包緊實，不能漏餡。（圖 5）

8　放入造型模具中塑型，麵團連同模具，間距相等放入不沾烤盤中。

9　烘烤：入爐，以上火 190˚C / 下火 190˚C，烤 15 分鐘，表面鋪一張烘焙紙，再蓋上烤盤，將整盤烤盤翻面，取下烘焙紙再烤 12 分鐘。

10　出爐放涼，冷卻後脫模，運用雷雕機或烙印刻上圖騰。（圖 6）

▶ 示範影片

材料

 製作數量：10 顆

油皮（分割 18g）　g

中筋麵粉	105
乳糖	23
無水奶油	38
冰無糖豆漿	60

油酥（分割 12g）　g

低筋麵粉（過篩）	100
無水奶油	40

餡料（分割 20g）　g

低糖烏豆沙餡	200
鹹蛋黃	10 顆

裝飾　g

蛋黃液	適量
市售起酥片	適量

作法

1　預爐：烤箱設定上火 220℃ / 下火 185℃。

2　餡料：鹹蛋黃、高粱酒（配方外，酒量可淹過食材即可）一同浸泡，泡約 4 小時去腥，再以上下火 170℃，烤 12 分鐘。

3　低糖烏豆沙餡每個分割 20g，包入烤過鹹蛋黃，搓圓。

4　油皮：所有材料一同放入攪拌缸，打至光滑成團。

5　表面用容器倒蓋，靜置鬆弛 20~30 分鐘，分割 18g，滾圓。

6　油酥：所有材料放上桌面，以壓拌手法拌勻，分割 12g，滾圓。

7　整形：油皮包油酥，擀捲二次，鬆弛 20 分鐘。

8　擀開酥油皮，包入餡料，收口確實包緊實，不能漏餡。

9　表面塗適量蛋黃液，放上市售起酥片編織，尾端塗抹蛋液收入底部。（圖 1~6）

10　烘烤：間距相等排入烤盤，入爐，以上火 220℃/ 下火 185℃，烤 25 分鐘。

11　刷蛋黃液，再烤 8~12 分鐘，烤至邊緣有酥脆感即可。

　★ 氣炸鍋設定：190℃，烤焙約 25~27 分鐘（視自家氣炸鍋火候判斷出爐）。

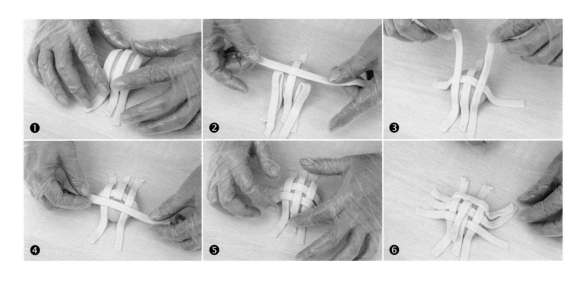

❶　❷　❸
❹　❺　❻

No.89
塔香煎餅

材料

麵皮（分割 90g）

	g
中筋麵粉	510
沸水	250
冷水	160

餡料

	g
九層塔	80
香油	15
鹽	2
黑胡椒粒	2

作法

1　餡料：九層塔洗淨剝小片。所有材料一同拌勻。

2　製作：鋼盆加入中筋麵粉，沖入沸水，以槳狀攪拌器混勻進行燙麵。（圖 1~2）

3　加入冷水拌勻成團，分割 90g，滾圓。（圖 3）

4　手沾適量手粉（高筋麵粉），將麵團擀成薄片，鋪上作法 1 拌勻的九層塔，表面淋適量橄欖油（配方外）抹勻。（圖 4）

5　麵團由前朝後摺起，搓長條，再捲起成球狀，以擀麵棍擀開，擀成略小於煎鍋的大小。（圖 5~8）

6　烘烤：不沾鍋熱鍋，倒入少許橄欖油（配方外），中火將麵皮兩面煎至金黃酥脆即可。（圖 9）

No.90
番味抓餅

材料

分割 90g	g
中筋麵粉	510
沸水	250
冷水	160

餡料（分割 30g）	g
台農 57 號地瓜餡	300
無鹽奶油	30

作法

1　餡料：台農 57 號地瓜餡蒸熟。趁熱拌入無鹽奶油置涼備用。

2　製作：鋼盆加入中筋麵粉，沖入沸水，以漿狀攪拌器混勻進行燙麵。（圖 1~2）

3　加入冷水拌勻成團，分割 90g，滾圓。（圖 3）

4　手沾適量手粉（高筋麵粉），將麵團擀成薄片，抹 30g 作法 1 拌勻的餡料，表面淋適量橄欖油（配方外）抹勻。（圖 4）

5　麵團由前朝後摺起，搓長條，再捲起成球狀，以擀麵棍擀開，擀成略小於煎鍋的大小。（圖 5~9）

6　烘烤：不沾鍋熱鍋，倒入少許橄欖油（配方外），中火將麵皮兩面煎至金黃酥脆即可。

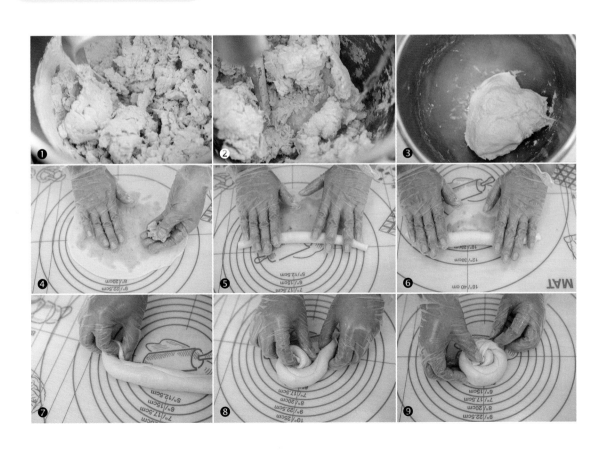

No.91
蔥香抓餅

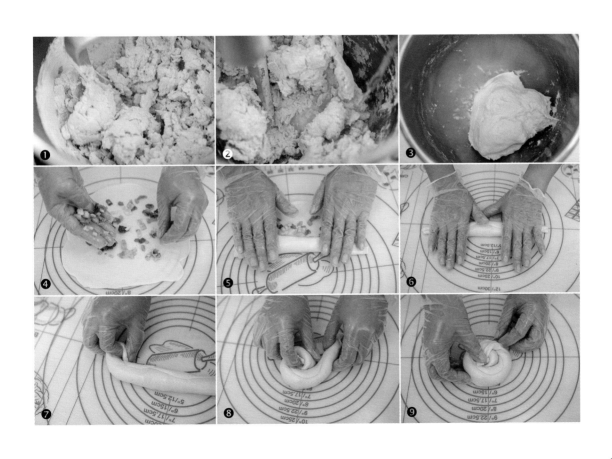

材料

麵皮（分割 90g） 　g

中筋麵粉	510
沸水	250
冷水	160

餡料 　g

三星蔥花	120
香油	18
鹽	2
黑胡椒粒	2

製作數量：9 片

作法

1　製作：鋼盆加入中筋麵粉，沖入沸水，以槳狀攪拌器混勻進行燙麵。（圖 1~2）

2　加入冷水拌勻成團，分割 90g，滾圓。（圖 3）

3　手沾適量手粉（高筋麵粉），將麵團擀成薄片，鋪適量拌勻的餡料，表面淋橄欖油（配方外）抹勻。（圖 4）
★餡料材料鋪料時再拌勻，避免蔥花出水。

4　麵團由前朝後摺起，搓長條，再捲起成球狀，以擀麵棍擀開，擀成略小於煎鍋的大小。（圖 5~9）

5　烘烤：不沾鍋熱鍋，倒入少許橄欖油（配方外），中火將麵皮兩面煎至金黃酥脆即可。

❶ ❷ ❸ ❹ ❺ ❻ ❼ ❽ ❾

No.92
棋藝糕點

材料

分割 20g	g
富麗有機糙米麩	120
蒸熟綠豆餡	50
好茶園蜜香紅茶粉（過篩）	3
奇亞籽	5
乳糖	65
蜂蜜	15
融化無鹽奶油	75

 製作數量：16 顆

作法

1　製作：設定上火 150℃/ 下火 150℃，將富麗有機糙米麩蒸熟放涼，與蒸熟綠豆餡用細網過篩。

2　乾淨鋼盆加入作法 1 食材、好茶園蜜香紅茶粉、奇亞籽、乳糖拌勻，用細網過篩。（圖 1）

3　加入蜂蜜拌勻，加入融化無鹽奶油拌勻，分割 20g。

4　壓入造型模具中塑形，用刷子刷去多餘的粉，脫模即可食用。（圖 2~6）

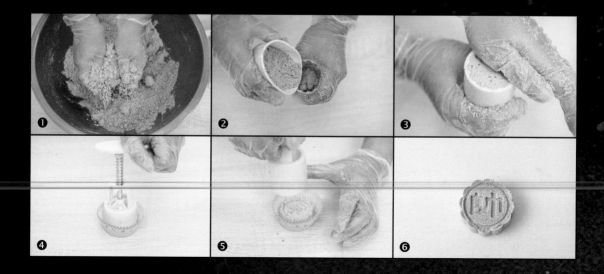

❶　　❷　　❸
❹　　❺　　❻

Baking 15

經典米麵食

國家圖書館出版品預行編目 (CIP) 資料

經典米麵食 / 邱献勝, 馮寶琴, 陳昱蓁, 鍾昆富著. --
一版 . -- 新北市 : 優品文化事業有限公司 , 2023.01
208 面 ; 19x26 公分 . -- (Baking ; 15)

ISBN 978-986-5481-36-0 (平裝)

1.CST: 麵食食譜 2.CST: 點心食譜

427.38   111016934

Printed in Taiwan

本書版權歸優品文化事業有限公司所有
翻印必究

書若有破損缺頁 請寄回本公司更換

作　　者　　邱献勝、馮寶琴、陳昱蓁、鍾昆富

總 編 輯　　薛永年

美術總監　　馬慧琪

文字編輯　　蔡欣容

攝　　影　　王隼人

出 版 者　　優品文化事業有限公司
　　　　　　電話：(02)8521-2523
　　　　　　傳真：(02)8521-6206
　　　　　　Email：8521service@gmail.com
　　　　　　(如有任何疑問請聯絡此信箱洽詢)
　　　　　　網站：www.8521book.com.tw

印　　刷　　鴻嘉彩藝印刷股份有限公司

業務副總　　林啟瑞 0988-558-575

總 經 銷　　大和書報圖書股份有限公司
　　　　　　新北市新莊區五工五路 2 號
　　　　　　電話：(02)8990-2588
　　　　　　傳真：(02)2299-7900

網路書店　　www.books.com.tw 博客來網路書店

出版日期　　2023 年 1 月

版　　次　　一版一刷

定　　價　　420 元

上優好書網

LINE
官方帳號

Facebook
粉絲專頁

YouTube
頻道

邱献勝師傅
的烘焙天地

進階專區

經典米麵食　　　**讀者回函**

♥ 為了以更好的面貌再次與您相遇，期盼您說出真實的想法，給我們寶貴意見 ♥

姓名：	性別：□ 男　□ 女	年齡：　　　　歲
聯絡電話：（日）　　　　　　　　　　　（夜）		
Email：		
通訊地址：□□□-□□		
學歷：□ 國中以下　□ 高中　□ 專科　□ 大學　□ 研究所　□ 研究所以上		
職稱：□ 學生　□ 家庭主婦　□ 職員　□ 中高階主管　□ 經營者　□ 其他：		

● 購買本書的原因是？

□ 興趣使然　□ 工作需求　□ 排版設計很棒　□ 主題吸引　□ 喜歡作者　□ 喜歡出版社

□ 活動折扣　□ 親友推薦　□ 送禮　□ 其他：＿＿＿＿＿＿＿＿＿

● 就食譜叢書來說，您喜歡什麼樣的主題呢？

□ 中餐烹調　□ 西餐烹調　□ 日韓料理　□ 異國料理　□ 中式點心　□ 西式點心　□ 麵包

□ 健康飲食　□ 甜點裝飾技巧　□ 冰品　□ 咖啡　□ 茶　□ 創業資訊　□ 其他：＿＿＿＿

● 就食譜叢書來說，您比較在意什麼？

□ 健康趨勢　□ 好不好吃　□ 作法簡單　□ 取材方便　□ 原理解析　□ 其他：＿＿＿＿＿

● 會吸引你購買食譜書的原因有？

□ 作者　□ 出版社　□ 實用性高　□ 口碑推薦　□ 排版設計精美　□ 其他：＿＿＿＿＿

● 跟我們說說話吧～想說什麼都可以哦！

□□□－□□
寄件人　地址：
　　　　姓名：

廣 告 回 信
免 貼 郵 票
三 重 郵 局 登 記 證
三 重 廣 字 第 0 7 5 1 號
平 信

24253 新北市新莊區化成路 293 巷 32 號

上優文化事業有限公司　收
（優品）

經典米麵食　**讀者回函**

〈請沿此虛線對折寄回〉

優品文化事業有限公司
電話：(02)8521-2523
傳真：(02)8521-6206
信箱：8521service @ gmail.com

上優好書網　LINE 官方帳號　Facebook 粉絲專頁　YouTube 頻道